"十三五"国家重点出版物出版规划项目 材料科学研究与工程技术系列图书
黑龙江省精品图书出版工程／"双一流"建设精品出版工程

U0193300

复合材料结构可靠性

RELIABILILY OF COMPOSITE MATERIAL STRUCTURES

戴福洪 编

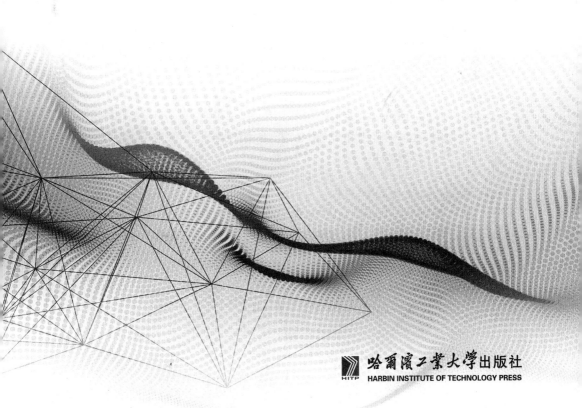

哈爾濱工業大學出版社
HARBIN INSTITUTE OF TECHNOLOGY PRESS

内 容 简 介

本书介绍复合材料结构安全性与可靠性评价的理论与方法,主要内容包括结构可靠性的概念、概率分析基础、结构可靠性数值模拟方法、结构可靠度理论、碳纤维与复合材料性能的离散性关联分析、复合材料层板可靠性分析、复合材料飞机结构可靠性设计等。

本书可作为高等工科院校复合材料与工程专业的基础教材,也可供工程技术人员参考和使用。

图书在版编目(CIP)数据

复合材料结构可靠性/戴福洪编. —哈尔滨:
哈尔滨工业大学出版社,2021.11
ISBN 978-7-5603-8614-0

Ⅰ.①复… Ⅱ.①戴… Ⅲ.①复合材料结构-结构可靠性-研究 Ⅳ.①TB330.31

中国版本图书馆 CIP 数据核字(2020)第 013114 号

策划编辑 许雅莹 李子江
责任编辑 张 颖
封面设计 屈 佳
出版发行 哈尔滨工业大学出版社
社 址 哈尔滨市南岗区复华四道街 10 号 邮编 150006
传 真 0451-86414749
网 址 http://hitpress.hit.edu.cn
印 刷 哈尔滨久利印刷有限公司
开 本 720 mm×1020 mm 1/16 印张 13.5 字数 272 千字
版 次 2021 年 11 月第 1 版 2021 年 11 月第 1 次印刷
书 号 ISBN 978-7-5603-8614-0
定 价 36.00 元

(如因印装质量问题影响阅读,我社负责调换)

前　言

　　复合材料是由两种或两种以上的组分材料经过复合工艺制备而成的新材料,各组分材料互相取长补短,产生协同效应,使复合材料的综合性能优于原组分材料而满足各种不同的要求。纤维增强复合材料是一种高强度、低密度材料,具有很多其他材料所没有的优点或特点,广泛应用于航空、航天、船舰和汽车等领域。对于纤维增强复合材料结构的研究,特别是对结构可靠性分析及可靠性优化设计的研究,是近年来备受关注的问题。

　　本书较系统地介绍了结构可靠性及其分析方法,可作为高等工科院校复合材料与工程专业以及相关专业的基础教材,也可供工程技术人员参考和使用。

　　本书是在复合材料结构可靠性本科教学讲义并综合多本教材和著作的基础上编写而成。绪论主要阐述了概率设计的发展历程和结构可靠性基本概念;第2~4章主要阐述了概率分析基础、结构可靠性数值模拟方法,以及结构可靠度理论;第5~7章主要阐述了碳纤维与复合材料性能的离散性关联分析、复合材料层板可靠性分析,以及复合材料飞机结构可靠性设计。

　　本书参考了很多前人的有关著作和研究工作,在此感谢哈尔滨工业大学复合材料与结构研究所武玉芬博士提供的研究成果,书中方法以结构可靠度理论的基本方法为主,最新的复合材料结构可靠性研究进展和成果有待补充。

　　限于编者水平,书中难免存在不足和疏漏之处,恳请广大读者批评指正。

编　者

2021 年 1 月

目 录

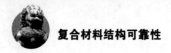

第 1 章

绪　　论

　　结构可靠性是结构设计的重要基础,从事工程结构设计的基本目的是要赋予结构以适当的可靠度,使结构在预定的使用期限内满足设计所预期的各种功能要求。结构可靠性设计和分析的应用涉及航天、航空、船舶、军舰、潜艇、建筑结构、土木工程等领域。结构可靠度理论在土木和建筑结构等领域已经得到大力发展和应用。随着先进复合材料应用需求的日益增长和应用领域的日益扩大,复合材料结构可靠性问题越来越突出。由于复合材料本身细观结构的复杂性,即使是最简单的复合材料层板,其可靠性分析也十分复杂。将结构可靠性理论和分析方法应用于复合材料结构安全和设计,是复合材料结构设计发展的重要方向和趋势。

1.1　概率设计的发展历程

　　目前,结构设计者和分析师面临的共同挑战是如何准确定义可获得的数据,并且评估这些数据用于目前情况的信心程度,同时,从统计学上定义数据并预测其性能。考虑和接受构件失效的无限可能性(无论失效概率有多小),人们必须接受失效概率这个概念。

1.1.1　概率方法的发展

　　从飞机结构来看,其风险评估发展已有几十年的历史。1942 年,普格塞尔

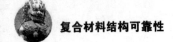
（A. G. Pugsley）出版了《飞机强度因素的基本原理》，提出了载荷和强度与记录的结构事故发生率之间的关系。他指出："采用设计载荷、安全系数和许用应力均不应该任意指定原则，这样不仅可以消除设计不足的问题，而且往往可以取得客观的经济效益。"

弗洛伊德塔尔（Alfred Freudenthal）和韦布尔（Weibull）等人对概率方法用于结构安全评价做了先驱性工作。1945 年，弗洛伊德塔尔的论文引起了各国学者对结构安全的兴趣，他指出"运用概率论可以使安全合理化"。20 世纪 50 年代初，英国、法国、西班牙和瑞典的学者讨论了结构可靠性的理论。1951 年，韦布尔成功发表了材料强度的统计表示方法，使这一理论得到了支持。1954 年，弗洛伊德塔尔出版了《安全与结构失效概率》一书，这引起了人们对结构失效概率的探讨，也使人们认识到安全问题的重要性。同为工程师的何塞·科索（Jose Corso）和拉里劳伦斯（Larry Lawrence）进一步简化了正态分布应力和强度情况下的失效概率计算，这是产生一阶可靠性方法的基础。

随后概率方法得到了美国学者的重视。1956 年，在海军研究实验室、空军研究实验室和国防部高级研究计划局的支持下，美国开展了关于安全因素任务研究：① 明确定义安全系数；② 实地调查目前使用的安全系数；③ 推荐了这些因素在未来的使用形式和价值。然而，10 年后，最终的报告显示："虽然委员会在努力解决安全系数问题，但是人们认为，概率方法值得进行更多的研究。"报告还提出了结构可靠性分析的需求：① 改进载荷序列的表示；② 更真实地描述失效条件；③ 定义载荷和抗力的统计变化；④ 定义可靠性概念的设计标准。这项研究一直进行到 20 世纪 60 年代，因为设计师仍可以使用传统方法解决问题，所以这项研究结论并没有被广泛接受。基于疲劳裂纹扩展预测规律，耐久性以及损伤容限方法一直到 20 世纪 60 年代才被重视，并于 20 世纪 70 年代中期被采用。概率方法需要大量的数据，而得到的结果以概率描述，这并不为很多人所信服。

概率方法用于结构可靠性研究，直到 20 世纪 60 年代末才逐渐成熟，并逐渐被用于工程实际。1967 年，康奈尔（C. A. Cornell）提出了一种用于结构可靠性评估的二阶格式，这种方法根据参数分布的均值和方差计算出一个"安全指数"，即后面介绍的可靠度指标。安全指数被认为是可靠性的一种度量，是对联合概率密度函数进行数值积分以确定失效概率的一种方法。1973 年，林德（Lind）证明了康奈尔的安全指数可以用于推导适用于载荷和抗力的安全系数，这是一个里程碑，可靠性分析终于与设计方法联系起来，随后，哈索弗（Hasofer）和林德（Lind）进行了改进，他们的方法被认为是概率设计理论的基础。

1.1.2 安全系数的发展

安全系数一直是工程设计广泛采用的设计方法,是为了在操作水平和设计水平之间提供一个安全操作的界限。然而,由于结构载荷、设计分析方法、材料、操作和环境的不确定性,具体来说安全系数取多大值并不清楚。

在 20 世纪 30 年代初,安全系数的概念逐渐形成和发展。对于飞机结构来说,飞机的飞行速度是最初设计的 2/3,人们认为并不需要进行更高的设置,因为更高的设置允许结构的极限载荷更高。通过速度 – 重力加速度图表的引入,有研究者建立了载荷系数、最大操作能力以及最大操作极限之间的关系,这有助于合理地确定安全系数。1943 年 3 月,美国空军要求安全系数为 1.5。这个系数是作为结构设计标准的整体设计需求与其他设计需求一起发展起来的,已经被大多数工程师所接受。当出现问题或发生结构故障时,往往是对设计、载荷预测技术、制造技术等进行更改,但是安全系数并未改变。

有些人认为安全系数为 1.5 是合理的,因为它是基于 20 世纪 20 年代和 30 年代设计的载荷系数的代表性比值。与此同时,它也可以是任意的,因为人们并不知道它的精确设计准则,而且由于制造和操作的复杂性,也不知道如何去量化安全系数。即使是提供了飞行安全指标,1.5 的安全系数也无法被量化,但是其在历史上取得的作用并不容被忽视。

最近,安全系数被重新命名为"不确定因素"。《联合服务结构规范手册》中指出:"不确定系数的选择,正式被称为安全系数,应通过评估在执行类似任务的空中机械上得出。"

如果可以减少设计、制造和操作环境中的可变性,那么降低 1.5 的安全系数是合理的,然而,新的材料系统如复合材料等的引入实际上增加了变量,1.5 的安全系数可能并不保守,必须增加。在其他的事例中,概率分析可以量化这些作用,因此并不需要作为设计准则代替安全系数,而是需要建立不确定性水平来优化安全系数。

1.1.3 失效概率的发展

失效概率的研究与发展在土木和建筑结构中已经有较长的历史,而对于航空结构的发展是从 20 世纪 30 年代末开始的。A. G. Pugsley 的著作《结构的安全》是根据 20 世纪 30 年代末英国飞行数据发展而来的,他认为结构可接受的失效概率为每 10^7 h 飞行时间中发生 1 次。他还认为在战争条件下,这个概率是有所上升的,由于装载和使用的变化,失效概率变为 10^7 h 飞行时间中发生 5 次。民用航空公司通过经验总结和验证,认为在运营中事故发生的概率应该不超过 $1/10^7$。

1954 年,A. M. Freudenthal 论述了可接受的失效概率,并且指出:"对于小概

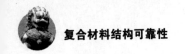

率规范的选择取决于结构重要性和成本,以及失效的后果和成本。"关于航空,他认为通常可接受的失效概率为每 10^7 h 飞行时间中发生 2 次。

这个飞机结构失效概率后来被美国联邦航空局所接受和推广。1990 年,美国联邦航空局规范飞机结构设计并强调将概率方法用于设计机身结构时,可接受的最大失效概率为 10^7 h 飞行时间中发生不超过 1 次。

1.2　结构可靠性的概念

1.2.1　基本概念

(1) 结构,指能够承受载荷和传递载荷的工程构造。

(2) 可靠性,指结构在规定的时间内、规定的条件下,完成规定功能的能力。

(3) 结构可靠度,是度量结构可靠性的数量指标,是结构可靠性的概率度量。

(4) 规定时间,是指设计基准期,如普通建筑物一般为 50 年、桥梁为 100 年、船舶为 30 年,但一般并不是结构的寿命。

(5) 规定条件,是指正常设计、正常施工、正常使用过程中的载荷和环境等,但不考虑人为影响。

(6) 结构功能,是指:① 正常施工和正常使用时,可能出现的各种作用;② 使用时,具有良好的工作性能;③ 维修和保护下,具有足够的耐久性能;④ 事件发生时和发生后,仍能保持必需的整体稳定性。其中,① 和 ④ 通常指结构的强度、稳定,即结构的安全性;② 指结构的使用性;③ 指结构的耐久性。

1.2.2　结构可靠性的基本假设

1.应力(载荷效应)和强度(结构抗力)的定义

结构可靠性分析中,将力学中应力加以推广,是指对结构有影响的一切因素,也可称为载荷效应。

强度,是指结构抵抗应力的能力,也可称为结构抗力。

2.结构可靠性的基本假设

(1) 应力为非负的随机变量或随机过程。

(2) 强度为非负的随机变量或随机过程。

(3) 仅当结构应力小于强度时,结构可靠;否则结构失效。

(4) 结构失效仅因应力存在而发生。

1.2.3　结构可靠性模型

1. 结构可靠性静态模型

应力 S 和强度 R 与时间无关,均为随机变量。

2. 半随机过程模型

应力 S 和强度 R 其中之一为随机过程,即

$$\begin{cases} Z(t) = S(t) \cdot R \\ Z(t) = S \cdot R(t) \end{cases} \tag{1.1}$$

3. 全随机过程模型

应力 S 和强度 R 全为随机过程,即

$$Z(t) = S(t) \cdot R(t) \tag{1.2}$$

1.3　极限状态和极限状态方程

1.3.1　极限状态的概念

整个结构或结构的一部分超过某一特定状态,结构就不能满足设计规定的某一要求功能,结构的这种特殊状态称为极限状态。

结构可靠性以极限状态来衡量,极限状态实质上是结构可靠(有效)与不可靠(失效)的界限。

结构可靠与否这一问题的产生,是由于存在"不确定性",因此,结构不可能是绝对可靠的,至多是失效概率极小,小到能被人们所接受。

1.3.2　极限状态的分类

1. 承载力极限状态

(1)整个结构或结构的一部分作为刚体失去平衡(如滑移、倾覆等)。

(2)结构构件或其连接因材料强度被超过而破坏(包括疲劳破坏),即强度破坏。

(3)结构因变形过大而破坏,即刚度破坏。

(4)结构蜕变成机动体系。

(5)结构失去稳定性,即失稳。

2. 正常使用极限状态

(1)影响正常使用或外观的变形。

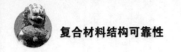

（2）影响正常使用或耐久性能的局部损坏（包括裂缝等）。

（3）影响正常使用的震动。

（4）影响正常使用的其他特定状态。

1.3.3　极限状态方程

1. 结构的极限状态函数（功能函数）

结构的极限状态函数是描述结构能否正常执行其功能的函数，一般可用下式表示：

$$Z = g(X_1, X_2, \cdots, X_n) \tag{1.3}$$

式中，$X_i(i = 1, 2, \cdots, n)$ 为基本变量，指结构上的各种作用（载荷）和材料性能、几何参数等，均可作为随机变量考虑，服从一定概率分布。

2. 结构的极限状态方程

$$Z = g(X_1, X_2, \cdots, X_n) = 0 \tag{1.4}$$

3. 承载力极限状态函数和极限状态方程

承载力极限状态函数和极限状态方程为

$$\begin{cases} X_1 = R \\ X_2 = Q \end{cases} \tag{1.5}$$

式中，R 为结构强度；Q 为结构应力（即载荷作用）。

此时的极限状态函数可表示为

$$Z = g(R, Q) = R - Q$$

如果 $R - Q > 0$，结构能完成预定功能，结构可靠；如果 $R - Q < 0$，结构失效；如果 $R - Q = 0$，结构处于极限状态。此方程也称为极限状态方程。

1.4　结构可靠性研究方法

1.4.1　结构可靠性分析方法概况

传统的结构设计是基于确定性分析的，这会使结果和实际情况产生很大的偏差。因为材料的物理性能、几何尺寸及所受的载荷在实际中具有随机性，而基于确定性分析的传统结构设计未考虑这些不确定因素。如果采用很大的安全系数，选取较为保守的极值与较大的安全系数作为设计依据，使得结构可靠性过高，反而影响了结构性能的发挥，同时会导致成本大幅度增加。基于概率论和数理统计的结构可靠性设计方法符合结构高效率承载的设计思想，具有明显的技术经济效益。

本章主要讨论结构可靠性分析的概率方法。概率方法主要采用随机变量、随机过程和随机场来描述系统的不确定性。目前研究和应用较为广泛的结构可靠性分析方法主要包括一次二阶矩法、蒙特卡罗法、随机有限元法和响应面法。

1. 一次二阶矩法

在结构可靠度研究初期，Cornell 提出了一次二阶矩法，其基本思想是根据基本随机变量的前二阶矩，将非线性功能函数在随机变量的均值点进行 Taylor 展开并保留至一次项，然后近似计算出功能函数的均值和标准差，进而求得可靠性指标或可靠度。

虽然这种方法计算简便，但是由于无法考虑随机变量的分布形式，只能适用于基本随机变量服从正态或对数正态分布的情况，而且如果将非线性功能函数在随机变量均值处展开后所得的线性极限状态平面可能会较大程度地偏离真实极限状态曲面而导致相当大的误差。针对一次二阶矩法的以上缺点，相关学者在一次二阶矩法的基础上相继提出了验算点法、高次高阶矩法等提高结构可靠度计算精度的改进方法。

2. 蒙特卡罗法

蒙特卡罗法起源于第二次世界大战中的原子弹设计研究中的蒙特卡罗法，它是一种通过对随机变量大量抽样并对抽样结果进行统计来计算结构可靠度的方法。该方法被认为是最直观、最精确、对高度非线性问题最有效的结构可靠性分析方法。

使用此方法时通过引入重要抽样法、对偶抽样法、分层抽样法、条件期望值法、公共随机数法、描述性抽样法等抽样技术，来减小样本方差并提高样本质量。

拉丁超立方抽样法（LHS）是为蒙特卡罗法的模拟提供随机变量样本序列的一种方法。目前通常认为 LHS 是对蒙特卡罗法的改进方法，可以降低蒙特卡罗法模拟的样本规模，从而极大地提高蒙特卡罗法模拟的效率。

3. 随机有限元法

20 世纪 70 年代初提出的随机有限元法是处理随机现象的分析工具。通过确定性分析与概率统计相结合，不仅考虑响应的确定性，而且综合考虑了各物理量的随机性，最终通过求解结构响应的统计特征量进行结构可靠性分析。

4. 响应面法

在采用快速概率积分法和蒙特卡罗法都非常耗时甚至不收敛时，响应面法应运而生。该方法的基本思想是：首先假设一个极限状态变量与基本变量之间的简单解析表达式,然后用插值方法来确定表达式中的未知参数,最终获得确定的解析表达式。响应面法采用简单的解析函数来代替大型复杂结构的极限状态方程使问题得到简化,并具有较高的计算效率,为求解隐式极限状态函数的结构可靠度问题提供了一种很好的解决方法。

近年来,国内外学者将神经网络技术与以上四种方法相结合,对神经网络在可靠性分析中的应用进行了研究。基于神经网络的可靠性分析与传统的可靠性分析方法相比思路简单,易于编程实现,而且计算精度有较大幅度的提高,为隐式极限状态方程可靠性分析提供了新的途径。

只有在满足各个可靠性分析方法对应的假设和前提之下应用各个可靠性方法,才会使分析结果很好地满足实际情况。如何有效地改进现有方法,提出新的可靠性方法,使其具有更广泛的应用范围,是未来结构可靠性研究的主要方向。

1.4.2 复合材料结构可靠性研究概况

目前,复合材料结构可靠性研究仍以层板为主要研究对象,常采用一次二阶矩法和蒙特卡罗法。

1982 年,Manders 等认为复合材料的强度和强度变异性与组成纤维的强度和变异性有关。两个互补的计算程序提供了断裂不稳定时的载荷集中值、所有失效阶段失效纤维的比例以及微观机制的信息。实际尺寸的复合材料的强度是通过最弱链接缩放获得的,该模型量化了纤维质量和纤维基体黏结强度对复合材料强度的影响,并且讨论了破坏特征微观机制对载荷扩展行为的影响。1989 年,Fukunaga 等研究了四层混杂层合复合材料的极限破坏强度,采用剪滞模型来获得分层破坏后的应力重分布。基于这些应力重分布的知识,采用 Harlow 和 Phoenix 的方法评估概率极限破坏强度,确定了层板强度、相对纤维体积分数、复合材料尺寸和层板堆叠顺序的分散性对混杂层板极限强度的影响。1995 年,Gurvich 和 Pipes 对层压复合材料随机弯曲强度理论和实验结果进行了分析,在复合载荷(弯曲作用和平面应力) 状态下考虑具有子层结构的多层复合材料,基于多步失效概率模型分析了复合材料的随机强度响应。同时,给出了一种基于蒙特卡罗法的数值算法和相应的计算机程序,以及层合复合材料多步失效的概率分析模型。该模型认为纤维强度起着至关重要的作用,即使复合材料已经受拉断裂,结构也能够抵抗荷载。

1997 年,Kam 和 Chang 建立了复合材料层板的首层失效可靠性模型,采用合适的失效准则作为极限状态方程,并利用各种数值技术来评估层板首层发生失效时的可靠性。同年,Hidetoshi 等为平面内多轴载荷下单向复合材料层板的材料设计提供一种实用模型。该模型是基于扩展结构可靠性理论,采用面向设计的复合材料失效准则原理。从复合材料可靠性设计的角度,比较了典型失效准则,如最大应力、最大应变和二次多项式失效准则。这些在平面应变空间中绘制的随机失效包络图使得评估任意层压角的复合材料层板在多轴应力或应变条件下的随机行为变得简单,并且模型通过对碳纤维环氧树脂基(T300/5208)层板的数值分析比较,验证了多轴载荷条件和层板角度不同组合下的失效准则。

1998 年和 2000 年,Jeon 和 Shenoi 用蒙特卡罗法分别对横向载荷作用下和简支条件下反对称正交层板的失效概率进行了研究。1998 年,Lin 提出了复合材料层板在面内载荷作用下失效概率的计算方法。在可靠性分析中将层板的材料特性、纤维角度和层厚被视为随机变量,通过随机有限元法确定层板的第一层失效载荷和屈曲强度的统计数据,利用随机有限元法中获得的统计数据,计算容易发生屈曲和第一层失效的层板的失效概率,利用蒙特卡罗法得到的结果验证了该方法的可行性和准确性。2000 年,Lin 分析了不同面内随机载荷作用下的屈曲失效概率,用随机有限元法计算屈曲强度以及屈曲失效概率。同年,Lin 和 Kam 又分析了层板在横向载荷作用下的可靠性,认为任一层失效则系统失效;2002 年,Kamiński 回顾了概率方法在复合材料疲劳分析中的应用,包括理论方法和计算方法,并介绍了基于摄动的随机有限元法在均质和非均质介质疲劳分析中的应用。

2003 年和 2004 年,罗成和王向阳采用一次二阶矩法分别对复合材料层板系统的失效概率和复合材料的可靠性展开了分析。2005 年,安伟光等用改进的一次二阶矩法计算元件可靠度。2006 年,Guillaumat 和 Hamdounn 采用蒙特卡罗法预测力学特性的统计分布,并根据统计分布得到失效概率,研究了钻孔质量对复合材料疲劳特性的影响。2014 年,贾平以基于整体局部高阶剪切变形理论的有限元法作为可靠性分析中的结构应力分析的手段,将统计学中的支持向量机用于给出层板功能函数对基本随机变量的显式形式,建立了层板结构的系统可靠性分析模型,提出了考虑全部渐进损伤失效形式的复合材料层板可靠性的分析方法。2018 年,刘成龙等对通用生成函数法进行了系统研究,分析了复合材料层板受面内轴向拉伸载荷的可靠性,同时对具体实验对象的仿真结果进行了实验验证。

2019 年,刘成龙等引入发生函数法,分别构造描述载荷、抗力和抗力序列等概率分布的发生函数,定义相应发生函数的复合算子。通过发生函数的复合运算,并根据复合材料层板的首/终层失效准则,结合层合单元的 Tsai - Hill 强度理论,建立了层板可靠性分析模型。利用此方法算例分析结果表明,与传统一次可靠度方法相比,可靠度值更接近蒙特卡罗法仿真结果,为复合材料层板强度可靠性分析提供一种新思路。同年,伊朗阿米尔卡比尔理工大学的学者采用估算理论分析了复合材料层板的可靠性,他们将蔡 - 希尔失效准则作为分析复合材料层板结构可靠性的极限状态函数,利用估计理论估计有效应力的统计参数,构

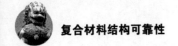

造概率盒,最后利用蒙特卡罗模拟和 FERUM 软件计算出了失效概率的上下限,高效率地用最少的随机变量数据获得了合理的结果。

2020 年,周春苹等以石英纤维／环氧树脂复合材料结构为研究对象,考虑设计参数的随机性,采用全局灵敏度分析理论,研究了各输入随机因素对石英纤维／环氧树脂复合材料结构静强度响应的影响,进一步为工程实际中复合材料结构的优化设计提供了一定的指导。

2021 年,S. Saraygord Afshari 等利用概率密度演化方法(PDEM)对重复冲击载荷下纤维增强复合材料进行了可靠性评估。结果证明了 PDEM 预测每次撞击后复合材料剩余可靠性的准确性。该研究对评估复合材料结构在材料特性和外部载荷不确定性下的可靠性分析中具有重要的参考意义。

第2章

概率分析基础

2.1　随机变量

2.1.1　事件

对随机现象的研究，总要进行观察、测量或做各种科学实验，统称为实验。这种随机实验的结果称为基本事件。事件用 E 表示，样本空间 Ω 指所有事件取得结果组成的集合，事件发生概率为 P。

事件的古典概率 P 具有如下性质：

(1) $0 \leqslant P(E) \leqslant 1$；

(2) $P(\Omega) = 1$；

(3) 排斥事件 $P(\bigcup_{i=1}^{n} E_i) = \sum_{i=1}^{n} P(E_i)$。

例如，复合材料构件模量 E 可表示为

$$E_1(0,10^2),\quad E_2(10^2,10^4),\quad E_3(10^4,10^6),\quad E_4(10^6, +\infty)$$

2.1.2　随机变量

设 E 表示事件，样本空间为 Ω，Ω 中每个基本事件 e 都有唯一一个实数值 $X(e)$ 与之对应，则称 $X(e)$ 为随机变量。

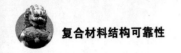
例如,上例:

$$X(e) = \begin{cases} X_{f(E)} = 1 & (0 < x < 10^2) \\ X_{f(E)} = 2 & (10^2 < x < 10^4) \\ X_{f(E)} = 3 & (10^4 < x < 10^6) \\ X_{f(E)} = 4 & (10^6 < x < +\infty) \end{cases}$$

一般用大写 X 表示变量,小写 x 表示特定值。

2.1.3　基本函数

概率密度函数(Probability Density Function,PDF)用 $f(x)$ 表示为

$$f(x) = \frac{\mathrm{d}F(x)}{\mathrm{d}x} \tag{2.1}$$

概率分布函数(Cumulative Distribution Function,CDF)用 $F(x)$ 表示为

$$F(x) = \int_{-\infty}^{x} f(\xi)\,\mathrm{d}\xi \tag{2.2}$$

$$F(x) = P \quad (X \leqslant x) \tag{2.3}$$

图 2.1 和图 2.2 分别给出了 PDF 和 CDF 曲线图。

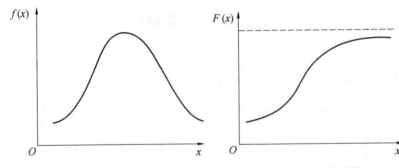

图 2.1　PDF 曲线图　　　　　图 2.2　CDF 曲线图

CDF 曲线有如下特性:

当 $x_1 < x_2$ 时,有

$$F(x_1) \leqslant F(x_2), \quad F(-\infty) = 0, \quad F(+\infty) = 1$$

且有如下积分关系:

$$P(a \leqslant x \leqslant b) = F(b) - F(a) = \int_{a}^{b} f(x)\,\mathrm{d}x \tag{2.4}$$

2.2　随机变量的数字特征

随机变量的概率分布,即随机变量的统计规律,但在许多实际问题中,求解

概率分布并不容易;另外,有时也不必需要知道随机变量的概率分布,只需知道它的某些数字特征就够了。本节主要介绍数字特征有:数学期望(均值)、方差、变异系数、样本均值和样本标准差。

2.2.1　均值

根据随机变量的分布确定一个数值,它反映随机变量取值的"平均值",即均值。连续型和离散型均值表达式分别为

$$\mu_x = \int_{-\infty}^{+\infty} x f(x) \, \mathrm{d}x \quad （连续型） \tag{2.5}$$

$$\mu_x = \sum_{i=1}^{n} x_i P(x_i) \quad （离散型） \tag{2.6}$$

定义 x^n 为期望值,称为 n 阶矩,其均值表达式为

$$E(x^n) = \int_{-\infty}^{+\infty} x^n f(x) \, \mathrm{d}x \quad （连续型） \tag{2.7}$$

$$E(x^n) = \sum_{i=1}^{n} P(x_i) x_i^n \quad （离散型） \tag{2.8}$$

2.2.2　方差

均值反映了随机变量的平均值,但某些情况下只知道平均值是不够的,还需要知道随机变量取值偏离平均值的程度。人们采用方差来反映这种平均偏离的大小。

σ^2 定义为 $(x - \mu_x)^2$ 的期望,即

$$\sigma_x^2 = \int_{-\infty}^{+\infty} (x - \mu_x)^2 f(x) \, \mathrm{d}x \quad （连续型） \tag{2.9}$$

$$\sigma_x^2 = \sum_{i=1}^{n} (x_i - \mu_x)^2 P(x_i) \quad （离散型） \tag{2.10}$$

均值、方差和二阶矩关系为

$$\sigma_x^2 = E(x^2) - \mu_x^2 \tag{2.11}$$

$$\sigma_x^2 = E(x - \mu_x)^2 = E(x^2 - 2\mu_x x + \mu_x^2) = E(x^2) - 2\mu_x^2 + \mu_x^2 = E(x^2) - \mu_x^2$$

标准差为

$$\sigma_x = \sqrt{\sigma_x^2} \tag{2.12}$$

2.2.3　变异系数

变异系数定义为变量标准差和均值的商,即

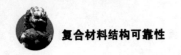

$$\nu_x = \frac{\sigma_x}{\mu_x} \qquad (2.13)$$

2.2.4　样本均值

对于样本 $x_i = \{x_1, x_2, \cdots, x_n\}$，其样本均值为

$$\bar{X} = \frac{1}{n} \sum_{i=1}^{n} x_i \qquad (2.14)$$

2.2.5　样本标准差

对于样本 $x_i = \{x_1, x_2, \cdots, x_n\}$，其样本标准差为

$$S = \sqrt{\frac{\sum_{i=1}^{n} x_i^2 - n\bar{x}^2}{n}} \qquad (2.15)$$

2.3　常用随机变量

2.3.1　均匀分布

设连续型随机变量 x 的概率变度为

$$f(x) = \begin{cases} \dfrac{1}{b-a} & (a \leqslant x \leqslant b) \\ 0 & （其他） \end{cases} \qquad (2.16)$$

则称 x 在区间 $[a, b]$ 上服从均匀分布。

图 2.3 给出了均匀随机变量的 PDF 和 CDF 图。

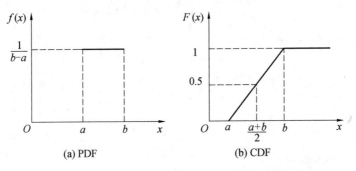

图 2.3　均匀随机变量的 PDF 和 CDF 图

均匀随机变量的均值和标准差为

$$\mu_x = \int_a^b \frac{1}{b-a} \cdot x \mathrm{d}x = \frac{a+b}{2} \tag{2.17}$$

$$\sigma_x^2 = \int_a^b \frac{1}{b-a} \cdot x^2 \mathrm{d}x = \frac{(b-a)^2}{12} \tag{2.18}$$

2.3.2　正态分布

一般正态分布的 PDF 为

$$f(x) = \frac{1}{\sqrt{2\pi}\,\sigma} \mathrm{e}^{-\frac{1}{2}\left(\frac{x-\mu}{\sigma}\right)^2} \tag{2.19}$$

式中，μ、σ 为均值和标准差。

式（2.19）是一般正态分布。对于标准正态分布，即 $N(0,1)$ 分布有

$$f(x) = \frac{1}{\sqrt{2\pi}} \mathrm{e}^{-\frac{x^2}{2}}$$

标准正态分布的 PDF 常表示为

$$\phi(z) = f(z) = \frac{1}{\sqrt{2\pi}} \mathrm{e}^{-\frac{z^2}{2}} \tag{2.20}$$

其 CDF 有如下特性：

$$\Phi(z) = F(z) = 1 - \Phi(-z) \tag{2.21}$$

若变量 x 服从一般正态分布，则可进行标准化正态变换。

设 $Z = \dfrac{X-\mu}{\sigma}$，则 $X = \mu + Z \cdot \sigma$，有

$$F(x) = P(X \leqslant x) = P(\mu + Z \cdot \sigma \leqslant x) = P\left(Z \leqslant \frac{x-\mu}{\sigma}\right) = \Phi\left(\frac{x-\mu}{\sigma}\right)$$

$$\tag{2.22}$$

图 2.4 给出了正态分布的 PDF 和 CDF 图。

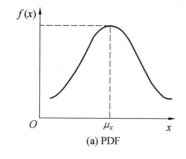
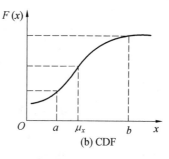

(a) PDF　　　(b) CDF

图 2.4　正态分布的 PDF 和 CDF 图

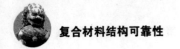

正态随机变量的 PDF 和标准正态分布的 PDF 关系为

$$f(x) = \frac{\mathrm{d}}{\mathrm{d}x}F(x) = \frac{\mathrm{d}}{\mathrm{d}x}\Phi\left(\frac{x-\mu}{\sigma}\right) = \frac{1}{\sigma}\phi\left(\frac{x-\mu_x}{\sigma}\right) \tag{2.23}$$

图 2.5 给出了任意正态随机变量的 PDF、CDF 和均值及标准差关系。

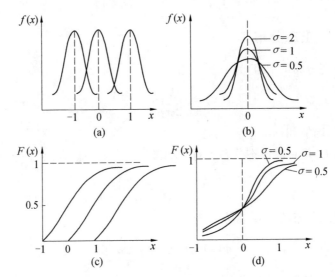

图 2.5　任意正态随机变量的 PDF、CDF 和均值及标准差关系

正态随机变量分布具有以下性质：

(1) 概率密度函数 $f(x)$ 关于均值 μ_x 对称，$f(\mu + x) = f(\mu - x)$。

(2) 概率分布函数有 $F(\mu + x) + F(\mu - x) = 1$。

例 2.1　如果 Z 是一个标准正态分布随机变量，那么

(1) $Z = -1.27$，求它的 PDF 和 CDF 值。

(2) 如果 $Z = -1.51$，求 $\Phi(1.51)$。

(3) 已知 $\Phi(Z) = 0.80 \times 10^{-4}$，相应的 Z 值为多少？

解　(1) 查表得

$$\Phi(Z = 1.27) = 0.898\ 0, \quad \phi(Z) = 0.795\ 9$$

(2) 查表得

$$\Phi(-1.51) = 1 - \Phi(1.51) = 1 - 0.934\ 5 = 0.065\ 5$$

(3) 查表得

$$Z = -3.77, \quad \Phi(-3.77) = 1 - \Phi(3.77) = 0.814 \times 10^{-4}$$

$$Z = -3.78, \quad \Phi(Z) = 0.784 \times 10^{-4}$$

插值得 $Z = -3.775$，插值示意图如图 2.6 所示。

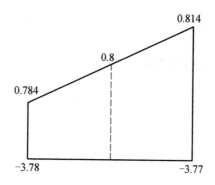

图 2.6　插值示意图

例 2.2　设 X 服从正态分布，$\mu_x = 1\,500$，$\sigma_x = 300$，PDF 示意图如图 2.7 所示。

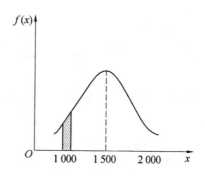

图 2.7　PDF 示意图

计算下列数值：

(1) $F(1\,200)$。

(2) $F(2\,100)$。

(3) $F(1\,900)$。

(4) $f(1\,300)$。

(5) $f(1\,500)$。

解　$(1)F(1\,200) = F\left(\dfrac{1\,200 - 1\,500}{300}\right) = \Phi(-1) = 0.159$。

$(2)F(2\,100) = \Phi(2) = 1 - \Phi(-2) = 1 - 0.022\,8 = 0.977\,2$。

$(3)F(1\,900) = F(1\,600 + 300) = 1 - F(1\,600 - 300) = 1 - 0.159 = 0.841$。

$(4)f(1\,200) = \dfrac{1}{300}\phi\left(\dfrac{1\,200 - 1\,500}{300}\right) = \dfrac{1}{300}\phi(-1) = 0.000\,806\,7$。

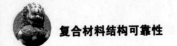
$(5) f(1\ 500) = \dfrac{1}{300}\phi(0) = \dfrac{1}{300} \times 0.399 = 0.001\ 33$。

2.3.3　对数正态分布随机变量

如果 $Y = \ln(x)$ 是正态分布,则 X 服从对数正态分布,有

$$F(x) = P(X \le x) = P(\ln Y \le \ln y) = P(Y \le y) = F(y) \qquad (2.24)$$

$$F(x) = F(y) = \Phi\!\left(\dfrac{y - \mu_y}{\sigma_y}\right) \qquad (2.25)$$

式中,$y = \ln x$;$\mu_y = \mu_{\ln x}$;$\sigma_y = \sigma_{\ln y}$。

图 2.8 给出了对数正态分布的 PDF 示意图。

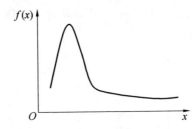

图2.8　对数正态分布的 PDF 示意图

对数正态分布 PDF:

$$f(x) = \dfrac{\mathrm{d}}{\mathrm{d}x} F(x) = \dfrac{\mathrm{d}}{\mathrm{d}x}\Phi\!\left(\dfrac{\ln x - \mu_{\ln x}}{\sigma_{\ln x}}\right) = \dfrac{1}{x \cdot \sigma_{\ln x}}\phi\!\left(\dfrac{\ln x - \mu_{\ln x}}{\sigma_{\ln x}}\right) \qquad (2.26)$$

其中

$$\mu_{\ln x} = \ln \mu_x - \dfrac{1}{2}\sigma_{\ln x}^2$$

$$\sigma_{\ln x}^2 = \ln(\nu_x^2 + 1)$$

例 2.3　X 服从对数正态分布,均值为 250,标准差为 30,试求 $F(200)$ 和 $f(200)$。

解

$$\nu_x = \dfrac{\sigma_x}{\mu_x} = \dfrac{30}{250} = 0.12$$

$$\sigma_{\ln x}^2 = \ln(\nu_x^2 + 1) = 0.014\ 3$$

$$\sigma_{\ln x} = 0.119\ 6$$

$$\mu_{\ln x} = \ln \mu_x - \dfrac{1}{2}\sigma_{\ln x}^2 = \ln 250 - \dfrac{1}{2} \times 0.014\ 3 = 5.51$$

所以

$$F(200) = \Phi\!\left(\dfrac{\ln x - \mu_{\ln x}}{\sigma_{\ln x}}\right) = \Phi\!\left(\dfrac{\ln 200 - 5.51}{0.119\ 6}\right) = \Phi(-1.77) = 0.038\ 4$$

$$f(200) = \frac{1}{x \cdot \sigma_{\ln x}} \phi\left(\frac{\ln x - \mu_{\ln x}}{\sigma_{\ln x}}\right) = \frac{1}{200 \times 0.119\,6} \phi(-1.77) = 0.003\,48$$

2.3.4　Gamma 分布

伽玛(Gamma)分布常用来描述活载,图 2.9 给出了 Gamma 分布的 PDF 图,其 PDF 为

$$f(x) = \frac{\lambda \cdot (\lambda x)^{k-1} e^{-\lambda x}}{\Gamma(k)} \quad (x \geqslant 0) \tag{2.27}$$

式中,$\lambda > 0$;$k > 0$;$\Gamma(k) = \int_{-\infty}^{+\infty} e^{-u} u^{k-1} du$。

$$\Gamma(k) = (k-1)(k-2) \cdot 2 \cdot 1 = (k-1)!$$

$$\Gamma(k+1) = \Gamma(k)k$$

$$\mu_x = \frac{k}{\lambda}$$

$$\sigma_x^2 = \frac{k}{\lambda^2}$$

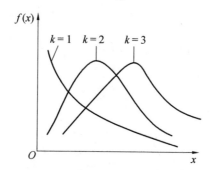

图 2.9　Gamma 分布的 PDF 图

2.3.5　极值 I 型分布

极值 I 型常用来描述某一段时间内的极值,图 2.10 给出了极值 I 型分布的 PDF 图,其 PDF 为

$$F(x) = e^{-e^{-\alpha(x-u)}} \tag{2.28}$$

$$f(x) = \alpha e^{-\alpha(x-u)} e^{-e^{-\alpha(x-u)}} \tag{2.29}$$

式中,$\mu_x \approx \mu + \dfrac{0.577}{\alpha}$,$\sigma_x \approx \dfrac{1.282}{\alpha}$,可以近似为 $\alpha = \dfrac{1.282}{\sigma_x}$,$\mu = \mu_x - 0.45\sigma_x$。

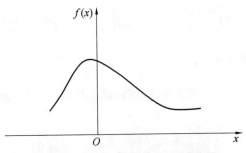

图2.10　极值Ⅰ型分布的 PDF 图

2.3.6　极值Ⅱ型分布

极值Ⅱ型分布常用来描述结构上的最大地震荷载,图2.11给出了极值Ⅱ型分布的 PDF 图,其 CDF 和 PDF 为

$$F(x) = e^{-\left(\frac{u}{x}\right)^k} \quad (0 \leqslant x \leqslant \infty) \tag{2.30}$$

$$f(x) = \frac{k}{u}\left(\frac{u}{x}\right)^{k+1} e^{-\left(\frac{u}{x}\right)^k} \tag{2.31}$$

$$\mu_x = u\Gamma\left(1 - \frac{1}{k}\right) \quad (k > 1) \tag{2.32}$$

$$\sigma_x^2 = u^2\left[\Gamma\left(1 - \frac{2}{k}\right) - \Gamma^2\left(1 - \frac{1}{k}\right)\right] \quad (k > 2) \tag{2.33}$$

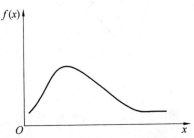

图2.11　极值Ⅱ型分布的 PDF 图

2.3.7　极值Ⅲ型分布

极值Ⅲ型有3个参数,分为最大值和最小值两种情况。

最大值的 CDF 为

$$F(x) = e^{-\left(\frac{w-x}{w-u}\right)^k} \quad (x \leqslant w) \tag{2.34}$$

$$\mu_x = w - (w - u)\Gamma\left(1 + \frac{1}{k}\right) \tag{2.35}$$

$$\sigma_x^2 (w - u)^2\left[\Gamma\left(1 + \frac{2}{k}\right) - \Gamma^2\left(1 + \frac{1}{k}\right)\right] \tag{2.36}$$

最小值的 CDF 为

$$F(x) = 1 - e^{-\left(\frac{x-\varepsilon}{u-\varepsilon}\right)^k} \quad (x \geqslant \varepsilon) \tag{2.37}$$

$$\mu_x \varepsilon + (u + \varepsilon)\Gamma\left(1 + \frac{1}{k}\right) \tag{2.38}$$

$$\sigma_x^2 = (u - \varepsilon)^2\left[\Gamma\left(1 + \frac{2}{k}\right) - \Gamma^2\left(1 + \frac{1}{k}\right)\right] \tag{2.39}$$

2.3.8　泊松分布(离散型分布)

泊松分布常用来描述一定时间内某一事件发生次数的概率。如某一时间内地震发生次数、一定长杆上的缺陷数等。

其隐含以下 2 个假设:

① 事件发生次数相互独立,与顺序无关。

② 两个或多个事件不同时发生。

令 N 为一离散随机变量,表示一定时间内事件发生的次数,v 表示事件的平均发生率,定义泊松分布为

$$P(N = n,\text{在时间 } t \text{ 内}) = \frac{(vt)^n}{n!}e^{-vt} \quad (n = 0,1,2,\cdots,\infty) \tag{2.40}$$

其均值 $\mu_N = vt$,标准差 $\sigma_N = \sqrt{vt}$。

另一个替代参数为重现期 τ,重现期为平均发生率 v 的倒数 $\tau = 1/v$。重现期是一个确定数,表示事件发生的平均时间间隔,而实际事件发生的时间间隔是一个不确定的数。

例 2.4　假设某地地震(5 ~ 8 级)平均发生率为每年 2.5 次。试确定:

(1) 这一级别地震的重现期。

(2) 这一级别地震在下一年中恰好发生 3 次的概率。

(3) 这一级别地震在一年中至少发生一次的概率。

解　(1) 重现期 $\tau = 1/v = 0.4$ 年,即每 5 个月左右发生一次地震。

(2) $P(N = 3,1 \text{ 年}) = \frac{[(2.5)(1)]^3}{3!}e^{-(2.5)\times 1} = 0.2138$。

(3) 一年中至少发生一次地震,$P(\text{至少发生一次}) = 1 - P(\text{一年中没有发生地震})$。

$$P(N \geqslant 1,1 \text{ 年}) = 1 - P(N = 0) = 1 - \frac{[(2.14)(1)]^0}{0!}e^{-(2.5)\times 1} =$$

$$1 - e^{-2.5} = 0.918$$

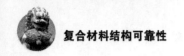

2.4 贝叶斯公式

2.4.1 条件概率

首先了解条件概率的概念,条件概率是用来描述两个不确定事件的关联,其他事件已经或没有发生的条件下某一事件的发生概率。

两事件 E_1、E_2,$P(E_1 \mid E_2)$ 表示如果事件 E_2 已经发生,则事件 E_1 发生的条件概率表达式为

$$P(E_1 \mid E_2) = \frac{P(E_1 \cap E_2)}{P(E_2)} \tag{2.41}$$

$$P(E_1 E_2) = P(E_1 \mid E_1) P(E_2) \tag{2.42}$$

例 2.5 某一复合材料梁测试两个参数,一个屈服弯矩 M_b,一个极限弯矩 M_u。定义事件 E_1 表示 $M_u \geqslant 200 \text{ kN} \cdot \text{m}$,$E_2$ 事件表示 $M_b \geqslant 160 \text{ kN} \cdot \text{m}$。已达到屈服弯矩的情况下,梁达到极限弯矩的条件概率为

$$P(E_1 \mid E_2) = \frac{P(E_1 \cap E_2)}{P(E_2)} = \frac{P(M_u \geqslant 200 \text{ kN} \cdot \text{m} \text{ 和 } M_b \geqslant 160 \text{ kN} \cdot \text{m})}{P(M_b \geqslant 160 \text{ kN} \cdot \text{m})}$$

如果两个事件统计独立,那么一个事件发生与否对另一个事件的发生概率无影响。两个统计独立事件又表示为

$$\begin{cases} P(E_1 \mid E_2) = P(E_1) \\ P(E_2 \mid E_1) = P(E_2) \end{cases} \tag{2.43}$$

2.4.2 贝叶斯理论(公式)

对于 n 个事件的集合,满足以下条件:① 互相排斥;② 并集为全集(保证事件 E 包含于 A_i 的和),则有

$$P(A_1 \cup A_2 \cup \cdots \cup A_n) = P(\Omega) = 1, \quad \Omega \text{ 为全集} \tag{2.44}$$

考虑以一全集为样本空间,其中某一事件 E 和一个或几个事件 A_i 重合,即

$$E \subset A_1 \cup A_2 \cup \cdots \cup A_n$$

如果 E 发生,那么其中必有 A_i 事件也发生,则定义全概率为

$$P(E) = \sum_{i=1}^{n} P(E \mid A_i) \cdot P(A_i) = 1 \tag{2.45}$$

全概率公式的 3 个条件:① 条件概率;② 互相排斥;③ $E \subset A_1 \cup A_2 \cup \cdots \cup A_n$。

例 2.6 某一工厂有 3 个车间,产量分别为 20%、30%、40%,对应每个车间的废品率分别为 5%、7%、9%。求任取一个产品是废品的概率。

解　设 A_1、A_2、A_3 为每个车间的产量，E 为废品率，则

$$P(E \mid A_1) = 5\%, \quad P(E \mid A_2) = 7\%, \quad P(E \mid A_3) = 6\%$$

$$P(E) = P(E \mid A_1) \cdot P(A_1) + P(E \mid A_2) \cdot P(A_2) + P(E \mid A_3) \cdot P(A_3) = 5.5\%$$

现在考虑如果事件中 E 发生，那么某一特定事件 A_i 发生的概率是多少，用贝叶斯理论回答，即贝叶斯公式如下：

$$P(A_i \mid E) = \frac{P(E \mid A_i) \cdot P(A_i)}{\sum\limits_{j=1}^{n} P(E \mid A_j) \cdot P(A_j)} \tag{2.46}$$

式中，$P(A_i)$ 为先验概率；$P(A_i \mid E)$ 为后验概率。

例 2.7　某一地区足球比赛中，设进球后被正确判罚的概率为 0.95，而没有进球被判为进球的概率为 0.003，又设在该地区比赛中进球的概率为 50%，若从进球中随机抽取一个，问该球确实是进球的概率。

解　A 表示进球，$\bar{A}$ 表示没进球，B 表示判为进球事件，则进球概率为 $P(A \mid B)$，由于 $B \subset A + \bar{A}$，A 与 $\bar{A}$ 排斥，则

$$P(A) = 0.50, \quad P(\bar{A}) = 0.50, \quad P(B \mid A) = 0.95, \quad P(B \mid \bar{A}) = 0.003$$

故

$$P(A \mid B) = \frac{P(A)P(B \mid A)}{P(A)P(B \mid A) + P(\bar{A}) + P(B \mid \bar{A})} =$$

$$\frac{0.50 \times 0.95}{0.50 \times 0.95 + 0.50 \times 0.003} = 0.9969$$

2.4.3　贝叶斯公式在实验结果修正的应用

如果测某一构件的强度为一随机变量，简单起见，假设强度只有几个离散的值 $\{a_1, a_2, \cdots, a_n\}$，每个值发生的概率估计是 $P(A = a_i) = P_i$，这些概率是先验的，是以往经验总结和判断的结果。现在已经有了一些测试结果，希望能根据这些附加信息来修正概率。事件 E 代表一个可能的测试结果，可能值为 $\{a_1', a_2', \cdots, a_n'\}$。利用贝叶斯理论来修正概率：

先验事件 A，后测事件 E，现在要求在该测试结果的情况下，事件 A（即强度值）的概率。

$$P(A = a_i \mid E = a_j') = \frac{P(E = a_j' \mid A = a_i)P(A = a_i)}{\sum\limits_{i=1}^{n} P(E = a_j' A = a_i)P(A = a_i)}$$

简写为

$$P_i' = \frac{P(E = a_j' \mid A = a_i)Pa_i}{\sum\limits_{i-1}^{n} P(E = a_j' A = a_i)Pa_i}$$

条件概率反映了测试本身的一些不确定性。

$P(E=a'_j \mid A=a_i)$ 是在实际 a_i 发生的情况下 a'_j 发生的概率。$P(A_i)$ 是先验概率,$P(A_i \mid E)$ 是后验概率。

例2.8　某一梁假定其强度可以取以下 5 个值:R_V,$0.9R_V$,$0.8R_V$,$0.7R_V$,$0.6R_V$,由实验数据统计知,这 5 个值发生的概率分别为 0、0.15、0.30、0.40、0.15。某一组新的实验测得强度为 $0.8R_V$,请据此修正强度值发生概率。强度测试值和发生概率见表2.1。

表2.1　强度测试值和发生概率

可能的测试值	实际测试值				
	R_V	$0.9R_V$	$0.8R_V$	$0.7R_V$	$0.6R_V$
$0.6R_V$	0	0	0.05	0.15	0.70
$0.7R_V$	0	0.05	0.15	0.75	0.25
$0.8R_V$	0.05	0.25	0.75	0.10	0.05
$0.9R_V$	0.3	0.65	0.05	0	0
R_V	0.65	0.05	0	0	0
合计	1.0	1.0	1.0	1.0	1.0

表中每一个值表示 $P(E=a'_j \mid A=a_i)$,而 $P(A=a_i) = \{0, 0.15, 0.30, 0.40, 0.15\}$,每一列表示考虑了某一特定梁的实际强度值的样本空间,即在实际梁的强度为 a_i 时可能的实验结果发生的概率,事件互相排斥,因此每一列的概率和为 $1(\sum_{j=1}^{5} P(a'_j \mid a_i) = 1)$,横行无此特性。

该题是在实验结果为 $0.8R_V$ 的情况下,求后验概率即 $P=(A=a_i \mid E=a'_j)$。利用公式

$$P=(A=a_i \mid E=a'_j) = \frac{P(E=a'_j \mid A=a_i)P(A=a_i)}{\sum_{i=1}^{n} P(E=a'_j \mid A=a_i)P(A=a_i)}$$

首先,求

$$\sum_{i=1}^{n} P(E=0.8R_V \mid A=a_i)P(a_i) = 0.31$$

根据贝叶斯公式修正概率:

$$P(A=0.6R_V \mid E=0.8R_V) = \frac{P(E=0.8R_V \mid A=0.6R_V)P(A=0.6R_V)}{\sum_{i=1}^{n} P(E=0.8R_V \mid A=a_i)P(A=a_i)} = 0.024$$

$$P(A=0.7R_V \mid E=0.8R_V) = \frac{P(E=0.8R_V \mid A=0.7R_V)P(A=0.7R_V)}{\sum_{i=1}^{n} P(E=0.8R_V \mid A=a_i)P(A=a_i)} = 0.129$$

$$P(A = 0.8R_V \mid E = 0.8R_V) = \frac{P(E = 0.8R_V \mid A = 0.8R_V)P(A = 0.8R_V)}{\sum\limits_{i=1}^{n} P(E = 0.8R_V \mid A = a_i)P(A = a_i)} = 0.726$$

$$P(A = 0.9R_V \mid E = 0.8R_V) = \frac{P(E = 0.8R_V \mid A = 0.9R_V)P(A = 0.9R_V)}{\sum\limits_{i=1}^{n} P(E = 0.8R_V \mid A = a_i)P(A = a_i)} = 0.121$$

$$P(A = R_V \mid E = 0.8R_V) = \frac{P(E = 0.8R_V \mid A = R_V)P(A = R_V)}{\sum\limits_{i=1}^{n} P(E = 0.8R_V \mid A = a_i)P(A = a_i)} = 0$$

先验概率和后验概率比较见表 2.2。

表 2.2　先验概率和后验概率比较

概率	先验概率	后验概率
$P(0.06R_V)$	0.024	0.15
$P(0.07R_V)$	0.129	0.40
$P(0.08R_V)$	0.726	0.30
$P(0.09R_V)$	0.121	0.15
$P(R_V)$	0	0
合计	1	1

2.5　随机向量

2.5.1　基本函数

随机向量定义为

$$\{X_1, X_2, \cdots, X_n\}$$

联合概率分布函数定义为

$$F(x_1, x_2, \cdots, x_n) = P(X_1 \leqslant x_1, X_2 \leqslant x_2, \cdots, X_n \leqslant x_n) \tag{2.47}$$

联合概率密度函数定义为

$$f(x_1, x_2, \cdots, x_n) = \frac{\partial^n F}{\partial x_1 \cdots \partial x_n}(x_1, x_2, \cdots, x_n) \tag{2.48}$$

连续随机向量的边缘概率密度函数为

$$f(x_i) = \int_{-\infty}^{+\infty} \cdots \int_{-\infty}^{+\infty} f(x_1, x_2, \cdots, x_n) \, \mathrm{d}x_1 \mathrm{d}x_2 \cdots \mathrm{d}x_{i-1} \mathrm{d}x_{i+1} \cdots \mathrm{d}x_n \tag{2.49}$$

两个变量联合概率分布情形：

$$F(x,y) = P(X \leqslant x, Y \leqslant y) \tag{2.50}$$

联合概率密度函数：

$$f(x,y) = \frac{\partial F(x,y)}{\partial x \partial y} \tag{2.51}$$

边缘概率密度函数：

$$f_x(x) = \int_{-\infty}^{+\infty} f(x,y)\,\mathrm{d}y \tag{2.52}$$

$$f_y(y) = \int_{-\infty}^{+\infty} f(x,y)\,\mathrm{d}x \tag{2.53}$$

将条件概率引入随机向量，随机向量的条件分布函数：

$$f_{x|y}(x \mid y) = \frac{f_{xy}(xy)}{f_y(y)} = \frac{联合概率密度函数}{边缘概率密度函数} \tag{2.54}$$

如果两个随机变量 X、Y 统计上独立，那么

$$f_{x|y}(x \mid y) = f_x(x), \quad f_{y|x}(y \mid x) = f_y(y), \quad f_{xy}(xy) = f_x(x)f_y(y)$$

例 2.9 试件的两个参量测试结果：弹性模量 X_1，压缩强度 X_2。100 组实验的弹性模量和压缩强度值见表 2.3，用相对频率直方图（图 2.12）表示这两个变量的边缘概率密度函数；用累积频率直方图（图 2.13）表示这两个变量的联合概率密度函数。

表 2.3　弹性模量和压缩强度值

样本序号	X_1/GPa	X_2/MPa	样本序号	X_1/GPa	X_2/MPa
1	32.15	30.59	51	34.54	31.13
2	32.80	33.97	52	31.82	30.71
3	31.17	25.75	53	29.62	25.77
4	32.71	30.83	54	28.03	24.21
5	32.01	28.87	55	25.34	18.78
6	30.67	27.74	56	33.77	34.70
7	32.52	31.87	57	33.42	29.77
8	28.14	28.04	58	26.35	21.40
9	23.54	15.63	59	22.08	20.87
10	26.06	22.58	60	28.10	25.51
11	32.33	27.53	61	39.77	40.25
12	28.57	21.56	62	23.62	23.03
13	30.20	27.52	63	23.35	16.50
14	30.80	29.33	64	28.23	26.83
15	34.58	28.21	65	32.14	32.80
16	24.64	22.09	66	30.60	38.01

续表 2.3

样本序号	X_1/GPa	X_2/MPa	样本序号	X_1/GPa	X_2/MPa
17	28.59	27.74	67	32.10	26.34
18	27.05	23.91	68	27.25	23.09
19	28.01	32.51	69	33.17	30.62
20	28.61	29.93	70	29.95	23.36
21	30.34	30.79	71	25.12	23.25
22	24.37	20.79	72	28.40	26.00
23	38.97	36.15	73	26.36	21.97
24	29.37	27.14	74	33.04	36.35
25	29.99	26.90	75	24.83	19.38
26	28.80	27.22	76	26.18	25.57
27	29.85	21.50	77	39.90	35.66
28	27.90	25.09	78	31.12	24.32
29	26.63	21.72	79	34.08	29.03
30	32.36	34.50	80	29.63	27.76
31	32.01	37.29	81	34.97	32.39
32	23.44	18.07	82	29.50	23.93
33	31.44	24.38	83	35.45	34.59
34	27.97	22.66	84	30.97	24.23
35	30.87	34.14	85	26.97	23.30
36	31.22	29.73	86	33.18	31.19
37	29.33	23.97	87	31.88	31.01
38	35.22	36.29	88	25.16	25.09
39	30.42	27.97	89	28.23	33.26
40	28.90	31.64	90	29.35	24.02
41	24.21	20.63	91	28.56	25.24
42	31.74	25.21	92	22.10	21.38
43	29.62	26.43	93	30.89	28.84
44	38.71	47.02	94	30.14	28.03
45	29.20	22.49	95	33.08	29.83
46	34.85	31.07	96	29.65	28.77
47	29.42	30.09	97	25.53	21.92
48	29.01	24.52	98	31.79	26.13
49	29.17	23.61	99	20.04	24.56
50	30.10	27.80	100	26.25	31.50

解 对两个变量定义一个合适的间隔划分区间,观察在每个区间内的次数,在此区间发生的相对频率为观察到的次数除以实验总次数,如图 2.12 所示。例如:取弹性模量 X_1 在 $20 \sim 30$ GPa 以及压缩强度 X_2 在 $15 \sim 20$ MPa 共有 5 次实验满足,见表 2.3 中阴影部分,得到该范围实验的相对频率为 0.05。将 $X_1 \leqslant x_1$,$X_2 \leqslant x_2$ 发生频率值累加,得到累积分布频率直方图,如图 2.13 所示。

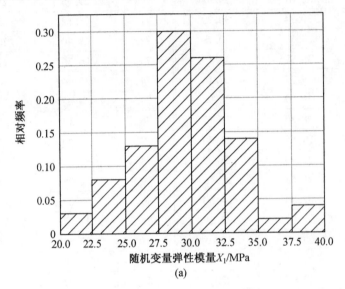

(a)

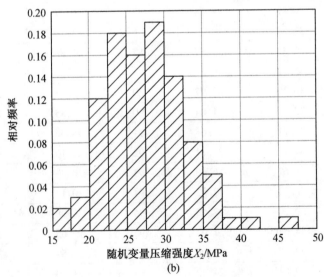

(b)

图 2.12　X_1、X_2 的相对频率直方图

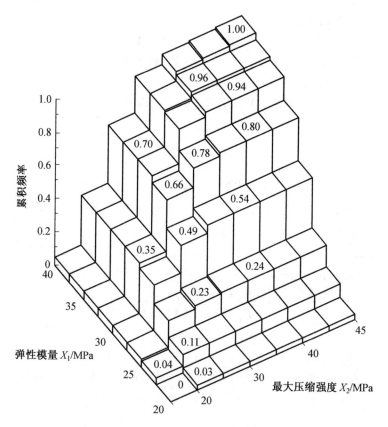

图 2.13　X_1、X_2 的累积分布频率直方图

2.5.2　相关性

协方差和相关系数也是随机变量数字特征，它们反映了两个随机变量之间的相互联系。

1. 协方差

令 X 和 Y 为两个随机变量，它们的均值和标准差分别为

$$\mu_x, \quad \mu_y, \quad \sigma_x, \quad \sigma_y$$

协方差定义为 $(X-\mu_x)(Y-\mu_y)$ 的数学期望，即

$$\mathrm{Cov}(X,Y) = E(X-\mu_x)(Y-\mu_y) = E(XY - X\mu_x - Y\mu_y + \mu_x\mu_y) = E(XY) - E(X)E(Y)$$

单变量方差 σ^2 可以看成是 $X = Y$ 的特殊情况。

两变量协方差为

$$\mathrm{Cov}(X,Y) = \int_{-\infty}^{+\infty}\int_{-\infty}^{+\infty}(X-\mu_x)(Y-\mu_y)f(x,y)\,\mathrm{d}x\mathrm{d}y \qquad (2.55)$$

协方差具有如下性质：

$$\text{Cov}(X,Y) = \text{Cov}(Y,X) \tag{2.56}$$

$$\text{Cov}(aX,bY) = ab\text{Cov}(X,Y) \tag{2.57}$$

$$\text{Cov}(X_1 + X_2, Y) = \text{Cov}(X_1,Y) + \text{Cov}(X_2,Y) \tag{2.58}$$

$$D(X + Y) = DX + DY + 2\text{Cov}(X,Y) \tag{2.59}$$

2. 相关系数

相关系数定义为两个变量的协方差除以每个变量标准差乘积，即

$$\rho_{XY} = \frac{\text{Cov}(X,Y)}{\sigma_x \sigma_y} \tag{2.60}$$

相关系数在 $[-1,1]$ 之间，反映了两个变量 X 和 Y 之间的线性相关程度。

$\rho_{XY} = 1$ 说明 Y 与 X 存在线性关系，$|\rho| = 1$ 的充分必要条件为 $P(Y = a + bX) = 1$，a、b 为常数；$\rho_{XY} = 0$ 并不说明 X 和 Y 之间没有依赖关系，只说明不是线性相关，可能存在非线性依赖关系，不相关是指不存在线性关系。如两变量统计独立，则

$$\text{Cov}(X,Y) = 0 \tag{2.61}$$

$$E(XY) = E(X)E(Y) \tag{2.62}$$

$$D(X + Y) = DX + DY \tag{2.63}$$

统计独立与不相关不一样。统计独立更强，而统计独立一定不相关，反之未必。协方差矩阵用来描述一个随机向量中所有可能的一对变量间的相关性。

$$[C] = \begin{bmatrix} \text{Cov}(X,Y) & \cdots & \text{Cov}(X,Y) \\ \vdots & & \vdots \\ \text{Cov}(X,Y) & \cdots & \text{Cov}(X,Y) \end{bmatrix} \tag{2.64}$$

式中，$[C]$ 为对称且对角元素的方差。

有时用相关系数矩阵比较方便，即

$$[\rho] = \begin{bmatrix} \rho_{11} & \cdots & \rho_{1n} \\ \vdots & & \vdots \\ \rho_{n1} & \cdots & \rho_{nn} \end{bmatrix} \tag{2.65}$$

对称主对角元素为 1，如果所有 n 个变量彼此不相关，那么非对角元素为 0。

例 2.10 设 $X \sim N(0,1)$，$Y = X^2$，求 X 与 Y 的相关系数。

解
$$E(X) = 0$$

$$\text{Cov}(X,Y) = E(XY) - E(X)E(Y) = E(X^3) = \frac{\int_{-\infty}^{+\infty} X^3 e^{-\frac{X^2}{2}}}{\sqrt{2\pi}} dx = 0$$

所以，$\text{Cov}(X,Y) = 0$，但是不独立。

$$P(X \leqslant 1, Y \leqslant 1) = P(Y \leqslant 1) > P(X \leqslant 1)P(Y \leqslant 1)$$

可见不独立，有 $P(AB) = P(A)P(B)$。

3. 相关系数估计

常常不知道随机变量的确切分布,只能依靠实验数据和观察来估计参数。

记两随机变量样本取值为

$$X = \{x_1, x_2, \cdots, x_n\}, \quad Y = \{y_1, y_2, \cdots, y_n\}$$

平均值和标准方差估计为

$$\bar{X} = \frac{1}{n} \sum_1^n x_i, \quad \bar{Y} = \frac{1}{n} \sum_1^n y_i$$

$$S_x = \sqrt{\frac{\sum_1^n (x_i - \bar{x})^2}{n-1}} = \sqrt{\frac{\sum_1^n x_i^2 - n\bar{x}^2}{n-1}}$$

相关系数估计为

$$\hat{\rho_{xy}} = \frac{1}{n-1} \frac{\sum_1^n (x_i - \bar{X})(y_i - \bar{Y})}{S_x S_y} = \frac{1}{n-1} \frac{\sum_1^n x_i y_i - n\bar{X}\bar{Y}}{S_x S_y}$$

2.6 随机变量函数

如果一个函数中的变量是随机变量,那么该函数值也是一个随机变量,即函数值可以用一个随机变量来描述。

2.6.1 随机变量线性函数

随机变量 $X_1, X_2, \cdots, X_n$,线性函数 Y 定义为

$$Y = a_0 + a_1 X_1 + a_2 X_2 + \cdots + a_n X_n = a_0 + \sum_1^n a_i X_i \tag{2.66}$$

式中,$a_0(i = 1, 2, \cdots, n)$ 是常数。

利用期望、方差、协方差概念,Y 的均值为

$$\mu_Y = a_0 + a_1 \mu_{X_1} + a_2 \mu_{X_2} + \cdots + a_n \mu_{X_n} = a + \sum_1^n a_i \mu_{X_i} \tag{2.67}$$

Y 的方差为

$$\sigma_Y^2 = E[(Y - \mu_Y)^2] = E(Y^2) - \mu_Y^2 = \sum_{i=1}^n \sum_{j=1}^n a_i a_j \text{Cov}(X_i X_j) =$$

$$\sum_{i=1}^n \sum_{j=1}^n a_i a_j \rho_{X_i Y_j} \sigma_{X_i} \sigma_{X_j} \tag{2.68}$$

式(2.68)可以通过归纳法得到,如对 $N = 2$ 的情况,有

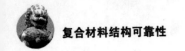

$$D(a_1 X_1 + a_2 X_2) = \sum_{i=1}^{2} \sum_{j=1}^{2} a_i a_j \mathrm{Cov}(X_i, X_j) \tag{2.69}$$

$$\mathrm{Cov}(X_1, X_2) = E[(X_1 - EX_1)(X_2 - EX_2)] \tag{2.70}$$

$$D(X_1 + X_2) = E[(X_1 + X_2) - E(X_1 + X_2)]^2 =$$
$$E\{[(X_1 - EX_1) + (X_2 - EX_2)]^2\} \tag{2.71}$$

式(2.68)中常数 a_0 没有出现,但会影响均值。如果 n 个变量彼此互不相关,则 $\mathrm{Cov}(X_i, X_j) = 0$,那么

$$\sigma_Y^2 = \sum_{1}^{n} a_i^2 \sigma_{X_i}^2 \tag{2.72}$$

以上结果与随机变量 $X_1, X_2, \cdots, X_n$ 的概率分布没有关系,但是怎样确定线性函数 Y 的分布是一个问题,在一些特殊情况下可以确定。

例 2.11 令 R 表示承载力(抗力),Q 表示载荷效应,定义功能函数为 Y,$Y = R - Q$,已知 μ_R、μ_Q、ρ_{RQ}、σ_R、σ_Q,后面将会讨论结构的安全性测量,如果 Y 大于零,则结构安全;如果 Y 小于零,承载力小于载荷效应结构将失效,试计算:

(1)μ_Y。

(2)σ_Y^2。

(3) 变异系数 V_Y。

解 (1) 此例中设 R 为 X_1,Q 为 X_2,那么 a_0 为 0,$a_1 = 1$,$a_2 = -1$,根据式 (2.67) 有

$$\mu_Y = a_0 + \sum_{1}^{n} a_i \mu_{Xi} = 0 + \mu_R - \mu_Q = \mu_R - \mu_Q$$

(2) 利用式(2.68),有

$$\sigma_Y^2 = \sum_{i=1}^{n} \sum_{j=1}^{n} a_i a_j \mathrm{Cov}(X_i, X_j) = a_1^2 \sigma_{X_1}^2 + a_2^2 \sigma_{X_2}^2 + 2 a_1 a_2 \mathrm{Cov}(X_1, X_2) =$$
$$\sigma_R^2 + 2(1)(-1)\mathrm{Cov}(R, Q) + \sigma_Q^2 = \sigma_R^2 + \sigma_Q^2 - 2\mathrm{Cov}(R, Q) =$$
$$\sigma_R^2 + \sigma_Q^2 - 2\rho_{RQ}\sigma_R\sigma_Q$$

如果 R 与 Q 不相关,那么 $\rho_{RQ} = 0$,则 $\sigma_Y^2 = \sigma_R^2 + \sigma_Q^2$。

(3) 变异系数

$$V_Y = \frac{\sigma_Y}{\mu_Y} = \frac{\sqrt{\sigma_R^2 + \sigma_Q^2 - 2\mathrm{Cov}(R, Q)}}{\mu_R - \mu_Q}$$

这里将变异系数的倒数以 β 表示,即

$$\beta = \frac{\mu_Y}{\sigma_Y}$$

这是本书的重要概念 —— 可靠度指标,其具体含义将在以后章节中详细讨论。

2.6.2 正态随机变量的线性函数

如果一个随机变量线性函数中各随机变量都是正态分布的,则称其为正态随机变量的线性函数。正态随机变量的线性函数仍为正态随机变量。

如果 Y 是一个关于 n 个正态分布随机变量 $X_1, X_2, \cdots, X_n$ 的线性函数,那么可以由式(2.67)计算均值,均值为 μ_Y,用式(2.68)计算方差 σ_Y^2。

例2.12 图2.14所示为一个简支梁(跨长为 L),假设分布载荷为 W,集中载荷为 p(作用在 $L/2$ 处),弯矩承载力为 M_R,都是服从正态分布的随机变量,彼此互不相关。计算可靠度指标 β 和梁的失效概率($L = 20$ m)。

各随机变量均值、变异系数和标准差如下:

$\mu_W = 1$ kN/m　　　$V_W = 10\%$　　　$\sigma_W = \mu_W V_W = 0.1$ kN/m

$\mu_p = 12$ kN　　　$V_p = 15\%$　　　$\sigma_p = 1.8$ kN

$\mu_{M_R} = 200$ kN·m　　　$V_{M_R} = 12\%$　　　$\sigma_{M_R} = 24$ kN·m

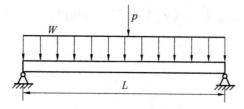

图2.14　例2.12图

解　由分布恒载产生的最大弯矩为

$$M_D = \frac{WL^2}{8} = 50\,W$$

弯矩 M_D 是正态随机变量 W 的线性函数,所以也是线性正态函数,均值为 $50\mu_W$,标准差为 $\sigma_M = \sqrt{50\mu_W}$。

集中载荷 P 引起的最大弯矩为

$$M_L = \frac{PL}{4} = 5P$$

M_L 同样为一个正态变量,均值为 $\mu_{M_L} = 5\mu_p$;方差为 $\sigma_{M_L} = (5\sigma_p)$。

那么最大弯矩为 $M_D + M_L$,它代表作用在梁上的载荷分布效应,定义一个功能函数为

$$Y = M_R - (M_D + M_L) = M_R - M_D - M_L$$

由于 M_R、M_D、M_L 彼此不相关,则

$$Y = M_R - (M_D + M_L) = M_R - M_D - M_L$$

也是正态变量。

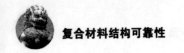

$$\mu_Y = \sum a_i \mu_{M_i} = (1)\mu_{M_R} + (-1)\mu_{M_D} + (-1)\mu_{M_L} = 200 - 50\mu_W - 5\mu_p = 90(\mathrm{kN})$$

$$\sigma_Y^2 = \sum a_i^2 \sigma_{M_i}^2 = \sigma_{M_R}^2 + \sigma_{M_D}^2 + \sigma_{M_i}^2 = 24^2 + (50\sigma_W)^2 + (5\sigma_p)^2 = 682(\mathrm{kN}^2)$$

$$\sigma_Y = \sqrt{\sigma_Y^2} = 26.1(\mathrm{kN})$$

$$V_Y = \frac{\sigma_Y}{\mu_Y} = \frac{26.1}{90} = 0.29 = 29\%$$

$$\beta = \frac{1}{V_Y} = \frac{1}{0.29} = 3.45$$

为了计算失效概率,需要理解该题失效的含义。当超过承载力时失效,利用上面定义的功能函数,将该条件表达为以下形式:

$$P(失效) = P(Y < 0)$$

由于 Y 是正态变量,可以直接计算其概率,而

$$P(Y < 0) = \Phi\left(\frac{0 - \mu_Y}{\sigma_Y}\right) = \Phi(-\beta) = \Phi(-3.45) = 0.28 \times 10^{-3}$$

图 2.15 给出了梁的失效概率(阴影部分的面积)。

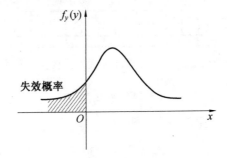

图 2.15　梁的失效概率(阴影部分的面积)

2.6.3　对数正态随机变量的乘积

2.6.2 节中已经了解了不相关正态随机变量的和也是个正态变量,本节主要介绍统计上独立的对数正态随机变量的乘积和幂函数的一些规律。

定义 Y 是一个关于几个随机变量 X_i 的乘积或乘除。例如:

$$Y = K\frac{X_1 X_3}{X_2} \tag{2.73}$$

式中,K 为常数。

假设这些随机变量统计上独立,并且为对数正态随机变量,对式(2.73)取对数,有

$$\ln Y = \ln K + \ln X_1 + \ln X_3 - \ln X_2 = (常数) + \sum \pm 1(正态变量)$$

$$(2.74)$$

依据 2.6.2 节的知识, $\ln Y$ 是一正态分布随机变量, 因此 Y 为对数正态分布随机变量。

对数正态分布随机变量 Y 的均值和方差分别为

$$\mu_{\ln Y} = \ln K + \sum_{i=1}^{n} (\pm 1)\mu_{\ln x_i} \qquad (2.75)$$

$$\sigma_{\ln Y}^2 = \sum_{i=1}^{n} \sigma_{\ln x_i}^2 \qquad (2.76)$$

利用前面的知识有

$$\sigma_{\ln x_i}^2 = \ln\left(1 + \frac{\sigma_{x_i}^2}{\mu_{x_i}^2}\right) = \ln(1 + V_{x_i}^2) \qquad (2.77)$$

$$\mu_{\ln x_i} = \ln(\mu_{x_i}) - \frac{1}{2}\sigma_{\ln x_i}^2 \qquad (2.78)$$

最后, 可说明式 (2.73) 中所有随机变量都不是对数正态变量, 然而, 仍然可用式 (2.75)、式 (2.76) 来确定 $\ln Y$ 的均值和方差, 但要求 X_i 彼此是统计上独立的, 且不能说 Y 的概率分布服从对数分布。

例 2.13　一个钢梁, 有一实心截面, 这意味着它的弯矩承载力以塑性矩来表示, 即 $M_P = F_y Z$, 式中 Z 为塑性矩, 是材料力学中的抗弯截面模量; F_y 为屈服应力。

令载荷效应以 Q 表示, 最大弯矩与作用载荷有关。假设 F_y、Z、Q 是统计上独立的对数随机变量, 均值和变异系数见表 2.4。

表 2.4　均值和变异系数

变量	均值	变异系数/%
F_y	40 N	10
Z	54 m³	8
Q	120 N·m	12

试计算梁的失效概率。

解　同例 2.11、例 2.12 两道例题, 引进功能函数, 它可以为一系列随机变量的线性组合, 但有时用功能函数的变量乘积形式表示更方便。例如, 在本例题中令 $\dfrac{M_P}{Q}$ 为功能函数, M_P 为构件承载力的量度, Q 为载荷效应。当承载力小于载荷效应时失效。定义 $Y = \dfrac{M_P}{Q} = \dfrac{F_y Z}{Q}$, 那么失效概率为 $P(失效) = P(Y < 1)$。

由于 Y 是对数正态分布随机变量的乘积,系数 $K = 1$,Y 也是对数正态变量,利用这些关系,首先要确定以下各参数的值:

$$\sigma^2_{\ln F_y} = \ln(1 + V^2_{F_y}) = \ln(1 + 0.1^2) = 9.95 \times 10^{-3}$$

$$\mu_{\ln F_y} = \ln(\mu_{F_y}) - \frac{1}{2}\sigma^2_{\ln F_y} = \ln(40 - 0.5 \times 9.95 \times 10^{-3}) = 3.68$$

$$\sigma^2_{\ln Z} = \ln(1 + V^2_Z) = \ln(1 + 0.08^2) = 6.4 \times 10^{-3}$$

$$\ln Z = \ln \mu_Z - \frac{1}{2}\sigma^2_{\ln Z} = \ln(54 - 0.5 \times 6.4 \times 10^{-3}) = 3.99$$

$$\sigma^2_{\ln Q} = \ln(1 + V^2_Q) = \ln(1 + 0.12^2) = 1.43 \times 10^{-2}$$

$$\mu_{\ln Q} = \ln(\mu_Q) - \frac{1}{2}\sigma^2_{\ln Q} = \ln(120 - 0.5 \times 1.43 \times 10^{-2}) = 7.27$$

$$\mu_{\ln Y} = \ln K + \sum_{i=1}^{n}(\pm 1)\mu_{\ln X_i} =$$
$$\ln(1) + (1)\ln \mu_{\ln F_y} + (1)\ln \mu_{\ln Z} + (-1)\mu_{\ln Q} = 0.4$$

$$\sigma^2_{\ln Y} = \sum_{i=1}^{n}\sigma^2_{\ln Y_i} = 0.030\ 65$$

$$\sigma_{\ln Y} = 0.175$$

失效概率为

$$P(Y < 1) = \Phi\left(\frac{\ln 1 - \mu_{\ln Y}}{\sigma_{\ln Y}}\right) = \Phi\left(\frac{0 - 0.4}{0.175}\right) = \Phi(-2.28) = 0.011\ 3$$

2.6.4 随机变量的非线性函数

以前讨论的函数相对比较简单,本节讨论一般的非线性函数情况如何处理。令功能函数为一般的非线性函数:

$$Y = f(x_1, x_2, \cdots, x_n)$$

要计算 Y 的均值和方差,可以对函数 Y 进行泰勒级数展开,将其线性化,然后再利用解决线性函数的方法,近似得到该函数的均值和方差。

泰勒级数展开的形式为

$$Y = f(x_1^*, x_2^*, \cdots, x_n^*) + \sum_{i=1}^{n}(x_i - x_i^*)\frac{\partial f}{\partial x_i}\bigg|_{(x_1^*, x_2^*, \cdots, x_n^*)}$$

式中,$(x_1^*, x_2^*, \cdots, x_n^*)$ 为展开点,其中 x_i^* 是一个确定值,后面的方法中也称其为随机变量 x_i 的设计点值。

上式只利用 Y 的线性部分,高阶项被忽略。设计点的选取对结构可靠性分析很重要,目前假设其为均值。

例 2.14 一个矩形截面梁,其示意图如图 2.16 所示。截面矩 $S = \dfrac{bd^2}{6}$,弯矩

为 M,屈服应力为 F_b,定义一个功能函数:

$$Y = F_b - \frac{M}{S} = F_b - \frac{6M}{bd^2} = f(F_b, M, b, d)$$

各变量的均值和变异系数见表2.5,求其均值和方差以及可靠度指标。

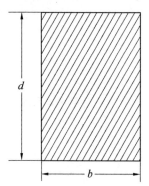

图2.16　矩形截面梁示意图

表2.5　各变量的均值和变异系数

变量	均值	变异系数/%
M	10^5 N · m	12
F_b	1 600 N · m	32
b	5.6 m	4
d	11.4 m	3

解　由于 Y 是一个非线性函数,将其线性化,在均值点展开。

Y 的线性化形式为

$$Y \approx \left[\mu_{F_b} - \frac{6\mu_M}{\mu_B(\mu_D)} \right] + (F_b - \mu_{F_b}) \frac{\partial f}{\partial F_b} \bigg|_* + (M - \mu_M) \frac{\partial f}{\partial M} \bigg|_* +$$

$$(b - \mu_B) \frac{\partial f}{\partial B} \bigg|_* + (d - \mu_D) \frac{\partial f}{\partial D} \bigg|_*$$

各变量偏导数为

$$\frac{\partial f}{\partial F_b} = 1, \quad \Rightarrow \frac{\partial f}{\partial F_b} \bigg|_* = 1$$

$$\frac{\partial f}{\partial M} = -\frac{6}{bd^2}, \quad \Rightarrow \frac{\partial f}{\partial M} \bigg|_* = -\frac{6}{\mu_B \mu_D^2}$$

$$\frac{\partial f}{\partial B} = \frac{6}{b^2 d^2}, \quad \Rightarrow \frac{\partial f}{\partial B} \bigg|_* = \frac{6\mu_M}{\mu_B^2 \mu_D^2}$$

$$\frac{\partial f}{\partial D} = \frac{12}{bd^3}, \quad \Rightarrow \frac{\partial f}{\partial D}\bigg|_* = \frac{12\mu_M}{\mu_B\mu_D^3}$$

将各偏导数代入线性化方程中,经整理有

$$Y = F_b - 0.008\,24M + 147.2b + 144.6d - 2\,473$$

由于这是一个线性函数,假定各变量间不相关,可用式(2.67)、式(2.72)计算均值和方差。

$$\mu_Y = \mu_{F_b} - 0.008\,244\mu_M + 147.2\mu_B + 144.6\mu_D - 2\,473 = 775.4$$

$$\sigma_Y^2 = 1^2\sigma_{F_b}^2 + (-0.008\,24)^2\sigma_M^2 + (147.2)^2\sigma_B^2 + (144.6)^2\sigma_D^2 = 275\,464$$

$$\sigma_Y = \sqrt{275\,464} = 524.8$$

可靠度指标可表示为

$$\beta = \frac{\mu_Y}{\sigma_Y} = \frac{775.4}{524.8} = 1.48$$

2.7　中值极限定理

令函数 Y 为 n 个随机变量 $X_i(i=1,2,\cdots,n)$ 和,并且假设 X_i 统计上独立,它的概率分布是任意的。

中值极限定理:当变量数量 n 趋于无穷大时,如果没有任一个随机变量来支配它们之和,那么这些独立的随机变量之和趋于正态分布。

变量的和常用来模拟结构上的全部载荷,一些情况下全部载荷的和可以用正态变量来近似。

例如,令 Q 为全部恒载 D、活载 L、雪载 S、风载 W 的和,则有

$$Q = D + L + S + W$$

那么,中值极限定理说明即使 D、L、S、W 不是正态分布的,随机变量 Q 可以近似为正态分布。

习　　题

1. 变量 X 采用均匀分布建模,下限是 5,上限是 36,求:

(1) 计算 X 的平均值和标准值。

(2) X 的值在 10 ~ 20 的概率是多少?

(3) X 的值大于 31 的概率是多少?

(4) 画出 CDF 图。

2. 一个结构的净重 D 服从正态分布,均值为 100 且变异系数为 8% ,求:

(1)画出 PDF 和 CDF 图。

(2)$D \leq 95$ 的概率。

(3)D 在 95 ~ 105 的概率。

3. 某一地方发生暴风雪事件概率满足泊松分布,根据33 年下雪时的记录,发生暴风雪的次数为 94 次。求:

(1)明年发生 2 次甚至更多次暴风雪的概率?

(2)明年正好发生 2 次暴风雪的概率?

(3)这些暴风雪的重现周期?

(4)在接下来的两年里发生大于 3 次暴风雪的概率?

4. 如图所示一个简支梁,假设分布载荷为 Q,集中载荷为 p(作用在 $L/2$ 处),弯矩承载力为 M_R,都是服从正态分布的随机变量,彼此互不相关。变量均值和标准差同例题 2.12,试计算可靠度指标 β 和梁的失效概率($L = 30$ m)。

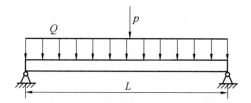

习题 4　简支梁及其载荷示意图

第 3 章

结构可靠性数值模拟方法

结构可靠性的数值模拟方法主要采用数值实验技术模拟事件发生概率,本章主要介绍蒙特卡罗方法。蒙特卡罗方法也是一种统计模拟方法,是 20 世纪 40 年代中期由科学技术的发展和电子计算机的发明而被提出的一种以概率统计理论为指导的一类非常重要的数值计算方法。它是使用随机数(或更常见的伪随机数)来解决很多计算问题的方法,与它对应的是确定性算法。蒙特卡罗方法在金融工程学、宏观经济学、计算物理学(如粒子输运计算、量子热力学计算、空气动力学计算)等领域应用广泛。蒙特卡罗方法于 20 世纪 40 年代由在美国第二次世界大战中研制原子弹的"曼哈顿计划"的成员 S. M. 乌拉姆和 J. 冯·诺伊曼首先提出。数学家 J. 冯·诺依曼用驰名世界的赌城——摩摩纳哥的蒙特卡罗来命名这种方法,为它蒙上了一层神秘色彩。在这之前,蒙特卡罗方法就已经存在,1777 年,法国数学家布丰(Georges Louis Leclere de Buffon,1707—1788)提出用投针实验的方法求圆周率 π,这被认为是蒙特卡罗方法的起源。

一般以下 3 种情况常采用数值模拟方法:

(1)在无法或很难得到复杂问题的闭合解时,例如随机问题涉及复杂非线性时。

(2)一些复杂问题,引入一些假设可以得到闭合解,而蒙特卡罗方法可以不需要这些假设来求解。

(3)用来验证其他模拟方法。

3.1　蒙特卡罗方法

3.1.1　基本思想

蒙特卡罗方法的基本思想是当所求解问题是某种随机事件出现的概率,或者是某个随机变量的期望值时,通过某种"实验"的方法,以这种事件出现的频率估计这一随机事件的概率,或者得到这个随机变量的某些数字特征,并用其进一步求解问题。

蒙特卡罗方法的解题过程可以归纳为三个主要步骤:构造或描述概率过程;实现从已知概率分布抽样;建立各种估计量。三个主要步骤如下。

(1) 构造或描述概率过程。

对于本身具有随机性质的问题,如粒子输运问题,主要是正确描述和模拟这个概率过程,对于本来不是随机性质的确定性问题,比如计算定积分,必须事先构造一个人为的概率过程,它的某些参量正好是所要求问题的解,即将不具有随机性质的问题转化为随机性质的问题。

(2) 实现从已知概率分布抽样。

构造概率模型以后,由于各种概率模型都可以看作是由各种各样的概率分布构成的,因此产生已知概率分布的随机变量(或随机向量)成为实现蒙特卡罗方法模拟实验的基本手段,这也是蒙特卡罗方法被称为随机抽样的原因。最简单、最基本、最重要的一个概率分布是(0,1)上的均匀分布(或称矩形分布),随机数是具有这种均匀分布的随机变量。随机数序列就是具有这种分布总体的一个简单子样,也是一个具有这种分布的相互独立的随机数序列。产生随机数的问题,是从这个分布中抽样的问题,可以用物理方法产生随机数,但价格昂贵,不能重复,使用不便。另一种方法是用数学递推公式产生,这样产生的序列,与真正的随机数序列不同,所以称为伪随机数或伪随机数序列。但是,经过多种统计检验表明,它与真正的随机数或随机数序列具有相近的性质,因此可作为随机数来使用。分布随机抽样有各种方法,与(0,1)上均匀分布抽样不同,这些方法都是借助于随机序列来实现的,也就是说,都是以产生随机数为前提的。

(3) 建立各种估计量。

一般来说,构造概率模型并能从中抽样后,即实现模拟实验后,要确定一个随机变量作为所要求的问题的解,称它为无偏估计。建立各种估计量,相当于对模拟实验的结果进行考察和登记,从中得到问题的解。

假设从 n 个实验中得到一些信息,有 n 个样本随机地从袋中选取 n 个实验结果,从其中取样,这里需要一些"特殊技术"。蒙特卡罗方法就是一种"特殊技术",可以不做任何物理实验,用先前实验结果(或其他信息)建立一些重要参数的概率分布。然后,用这些分布信息来产生数据以作为样本。为了进一步阐述其思想,举例如下。

例3.1 某一混凝土柱中的压缩强度 f'_c 的测试结果。假设一个相对频率直方图得到,如图 3.1 所示,对数分布函数可以很好地附和这些数据。现在考虑一个砖柱,它的压缩承载力为 $0.85f'_c A_c$, A_c 为砖柱的横截面,假设其为确定的。假设作用载荷为 Q, Q 服从正态分布,其均值为 μ_Q,变异系数为 V_Q,那么失效概率 P_F 为多少?

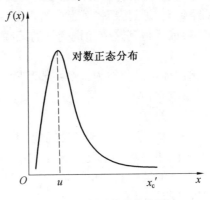

图 3.1 相对频率直方图

解 定义功能函数为

$$Y = R - Q$$

式中, $R = 0.85f_c A_c$。

失效概率为 $R < Q$ 的发生概率

$$P_F = P(Y < 0) = P(R - Q < 0)$$

这个例题中,即使 Q 是正态分布的, R 也不是正态分布的,尽管可以用第 2 章的知识来计算均值和方差,但不能得到 Y 概率分布的闭合解。

然而,该问题可以用蒙特卡罗模拟,基本方法如下:

(1)随机生成一个 f'_c 值(利用给定的概率分布信息),然后计算 $0.85f_c A_c$。

(2)利用概率分布随机生成一个 Q 值。

(3)计算并存储 Y 值。

(4)重复(1)~(3)步,直到得到充分量的 Y 值。

(5)如果能提供充分的模拟值,可以估计失效概率为

$$\overline{P} = \frac{Y < 0 \text{ 的发生次数}}{\text{总数}} \tag{3.1}$$

3.1.2 均匀分布随机变数的生成

蒙特卡罗方法中最基本的就是生成 0 和 1 区间均匀分布的随机数。后面将介绍一种代数同余法,可以利用该方法编写计算机子程序,生成随机数表。

如果得到 0 ~ 1 之间随机分布数 u,可以生成均匀分布随机变量 X 在任意两个值 a 和 b 之间的一个值,利用公式:

$$x = (b - a)u \qquad (3.2)$$

可以生成在 $[a,b]$ 上的均匀分布随机整数样本值,即

$$i = a + \text{TRUNC}[b - a + 1)u] \qquad (3.3)$$

式中,$\text{TRUNC}[\ ]$ 为截断函数,取整函数。表 3.1 给出了 200 个随机数,便于在后面举例使用。

表 3.1　200 个随机数

0.050 230	0.269 082	0.442 000	0.390 912	0.084 078	0.597 430	0.249 519	0.892 361
0.619 129	0.472 640	0.833 705	0.876 064	0.821 741	0.149 907	0.653 035	0.908 841
0.872 402	0.422 864	0.412 275	0.462 844	0.444 990	0.774 895	0.345 225	0.834 681
0.376 568	0.467 299	0.142 275	0.926 969	0.337 626	0.648 000	0.323 649	0.656 117
0.139 927	0.415 784	0.145 451	0.307 840	0.059 633	0.498 886	0.433 912	0.320 231
0.318 491	0.523 667	0.849 178	0.005 036	0.132 786	0.892 575	0.835 353	0.666 829
0.987 671	0.243 629	0.598 193	0.414 869	0.378 396	0.301 706	0.328 349	0.937 925
0.033 265	0.741 569	0.561 388	0.118 229	0.195 227	0.515 915	0.575 213	0.709 037
0.234 626	0.408 673	0.169 408	0.398 450	0.730 552	0.411 115	0.703 421	0.591 021
0.623 157	0.021 790	0.967 040	0.319 895	0.726 890	0.023 835	0.073 214	0.012 818
0.957 884	0.547 472	0.864 834	0.970 153	0.762 535	0.055 788	0.118 198	0.082 675
0.518 906	0.749 779	0.332 286	0.173 711	0.586 932	0.554 194	0.767 510	0.751 549
0.442 305	0.681 600	0.849 239	0.406 201	0.803 613	0.162 908	0.224 067	0.956 908
0.445 845	0.140 538	0.834 803	0.760 491	0.132 450	0.866 573	0.869 015	0.663 656
0.834 284	0.888 607	0.885 769	0.297 708	0.564 196	0.141 392	0.706 259	0.199 316
0.811 213	0.105 136	0.359 783	0.119 755	0.449 202	0.731 407	0.930 631	0.250 893
0.935 728	0.067 202	0.607 227	0.150 792	0.449 347	0.502 579	0.392 346	0.740 989
0.450 423	0.864 772	0.705 435	0.671 010	0.403 912	0.711 509	0.072 970	0.974 548
0.579 058	0.363 628	0.841 975	0.455 458	0.431 471	0.579 272	0.923 032	0.748 009
0.662 648	0.863 948	0.781 091	0.011 902	0.905 759	0.806 421	0.929 014	0.749 077
0.039 918	0.858 242	0.491 226	0.278 726	0.593 005	0.191 778	0.047 029	0.050 478
0.414 075	0.432 234	0.557 054	0.173 040	0.358 684	0.660 817	0.372 265	0.925 138
0.103 214	0.412 091	0.934 263	0.395 398	0.606 067	0.401 349	0.596 393	0.385 754
0.112 308	0.749 199	0.087 985	0.543 260	0.649 922	0.168 065	0.111 393	0.986 175
0.821 833	0.260 933	0.242 988	0.562 700	0.402 142	0.109 256	0.414 383	0.030 641

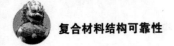

（1）大部分随机数生成需要用户输入一个种子；选择不同的种子可以生成不同的均匀分布随机数；一般来说，同样种子可能得到同样的随机数，其实这是伪随机数。

下面是代数同余法生成伪随机数的方法，令

$$x_{i+1} = (\lambda x_i + c)(\text{求 } M \text{ 的模})$$

λ、c、M 为 3 个确定已知的量。

确定起动数 x_0，令

$$x_{i+1} = (\lambda x_i + c) = kM + A_{i+1} \tag{3.4}$$

其中，k 的选择使

$$A_{i+1} < M$$

则

$$x_{i+1} = A_{i+1} \tag{3.5}$$

随机数为

$$\zeta_i = \frac{x_i}{M} \quad (0 < \zeta_i < 1) \tag{3.6}$$

（2）许多软件中内嵌生成随机函数时要慎用，不同方法生成随机数效果不同。

3.1.3　生成标准正态随机数

首先生成一系列均匀分布随机变量 $u_1, u_2, \cdots, u_n$（在 0 ~ 1 之间），然后根据公式生成

$$Z_i = \Phi^{-1}(u_i) \tag{3.7}$$

式中，Φ^{-1} 是标准正态分布函数的逆，如图 3.2 所示。

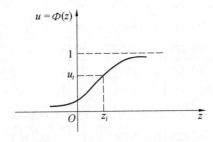

图3.2　标准正态分布变量求逆

3.1.4　生成正态随机数

假设有一正态分布随机变量 X，均值为 μ_x，标准差为 σ_x，变量 X 和标准正态变量 Z 的关系为

$$X = \mu_x + Z\sigma_x \tag{3.8}$$

因此利用 z_i 值可以生成 x_i 值,即

$$x_i = \mu_x + z_i\sigma_x \tag{3.9}$$

例 3.2　　假设结构上恒载 D 服从正态分布,均值 $\mu_D = 2.0$ kN/m,变异系数 V_D 为 10%,恒载的概率分布密度函数曲线如图 3.3 所示,试生成随机变量 D 的 10 个样本值。

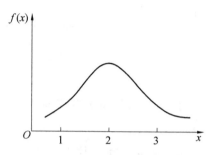

图 3.3　　恒载的概率分布密度函数曲线

解　　首先生成均匀分布随机数 z,取表 3.1 中前 10 个数,利用式 $Z_i = \Phi^{-1}(u_i)$ 生成 z_i 值,然后利用式(3.11)将 z_i 转换成 D_i 值:

$$\sigma_D = v_D\mu_D = 0.2 \text{ kN/m} \tag{3.10}$$

$$D_i = \mu_D + z_i\sigma_D \tag{3.11}$$

生成 10 个随机数见表 3.2。

表 3.2　　生成的 10 个随机数和变量 D 值

u_i	z_i	D_i
0.050 203	− 1.642 89	1.67
0.619 129	0.303 194	2.06
0.872 402	1.137 82	2.23
0.376 568	− 0.314 507	1.94
0.139 927	− 1.080 65	1.78
0.318 491	− 0.471 923	1.91
0.987 671	2.246 72	2.45
0.033 265	− 1.834 83	1.63
0.234 626	− 0.723 697	1.86
0.623 157	0.313 783	2.06

例 3.3　　如图 3.4 所示有一悬臂梁,已知载荷 p 和 W 是独立的正态随机变量,

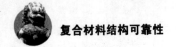

参数如下：

$$\mu_p = 4\,000 \text{ N}, \quad \sigma_p = 50 \text{ N}, \quad \mu_W = 400 \text{ N/m}, \quad \sigma_W = 5 \text{ N/m}$$

利用蒙特卡罗方法，计算在距离一端 6 m 处弯矩 M 的均值和方差。

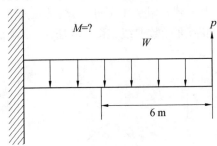

图 3.4　悬臂梁及载荷示意图

解　计算弯矩：

$$M = 6p - 18W$$

由于 p、W 是独立的正态随机变量，M 是近似的线性函数，因此 M 服从正态分布。

均值和标准差为

$$\mu_M = 6\mu_p - 18\mu_W = 23\,100 \text{ N} \cdot \text{m}$$

$$\sigma_M = \sqrt{(6\sigma_p)^2 + (18\sigma_W)^2} = 2\,400 \text{ N} \cdot \text{m}$$

以上是利用理论解得到的，下面用蒙特卡罗方法来计算，并与其比较。

利用蒙特卡罗方法计算 5 个弯矩值 M，需要模拟 5 个载荷 p 和 W 的值，并在 0 和 1 之间产生 10 个均匀分布随机数。

本例中的均匀随机数从表 3.1 中取 10 个，取列 1 的前 10 个数，前 5 个数用来计算 p 值，后 5 个数用来计算 W 值。用方程 $x_i = \mu_x + z_i \sigma x$ 来模拟 p、W 值，结果见表 3.3。

下一步利用 $\{p_i, W_i\}$ 值生成 5 个弯矩 M 值：

$$M_i = 6p_i - 18W_i$$

则有以下 5 个值：

$$19\,200, \quad 23\,620, \quad 25\,990, \quad 22\,410, \quad 20\,480$$

因此样本均值和样本标准差为

$$\overline{M} = \frac{1}{5}\sum_{i=1}^{5} M_i = 22\,340 \text{ N} \cdot \text{m} \tag{3.12}$$

$$\sigma_M = \sqrt{\frac{\left(\sum_{i=1}^{5} M_i^2\right) - 5(\overline{M})^2}{5 - 1}} = 2\,659 \text{ N} \cdot \text{m} \tag{3.13}$$

将模拟值与理论精确解比较，可以看出并不很精确，如果样本个数增加，精度将会改善。说明如下：

取 50 个均匀随机变量，用表 3.1 中前两列来模拟 p，后两列来模拟 W，然后计算 M 的均值和方差，分别是 22 990 N·m 和 2 330 N·m，此时比较接近理论值。

表 3.3　例 3.3 计算结果

u_i	z_i	$p_i = 4\ 000 + z_i(400)$
0. 050 203	− 1. 642 89	3 343
0. 619 129	0. 303 194	4 121
0. 872 402	1. 137 82	4 455
0. 376 568	− 0. 314 507	3 874
0. 139 927	− 1. 080 65	3 568
u_i	z_i	$w_i = 50 + z_i(5)$
0. 318 491	− 0. 471 923	47. 64
0. 987 671	2. 246 72	61. 23
0. 033 265	− 1. 834 83	40. 83
0. 234 626	− 0. 723 697	46. 38
0. 623 157	0. 313 783	51. 57

3.1.5　对数正态分布随机数的生成

X 为对数正态分布随机变量，其均值为 μ_x，标准差为 σ_x，为生成样本值 x_i，首先生成 0 和 1 之间均匀分布随机数 u_i，利用标准正态分布生成 z_i 值，再利用对数正态分布与正态分布随机变量的关系生成 x_i 值：

$$x_i = \exp\left[\mu_{\ln x} + z_i\sigma_{\ln x}\right] \tag{3.14}$$

式中

$$\sigma_{\ln x}^2 = \ln(\nu_x^2 + 1), \mu_{\ln x} = \ln(\mu_x) - \frac{1}{2}\sigma_{\ln x}^2$$

由均匀分布随机数到服从正态分布随机数过程为

$$u_i \to z_i \to Y_i = \mu_{\ln x} + z_i\sigma_{\ln x}$$

得

$$x_i = e^{Y_i} \tag{3.15}$$

3.1.6　任意分布随机数生成

随机变量 X 的概率分布函数 $F_x(x)$，为生成样本值 x_i。

（1）生成一个 0 和 1 之间的均匀分布样本值 u_i。

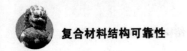

(2) 计算样本值用下式:

$$x_i = F_x^{-1}(u_i) \tag{3.16}$$

上述方法的困难在于很难得到 $F_x(u_i)$ 逆函数的解析表达式。

3.1.7 概率估计精度

上节了解到怎样来估计失效概率,当模拟数量增加时,估计的精度会提高。那么,概率估计和模拟数量有怎样的关系呢?

估计概率 $\bar{P}$ 为

$$\bar{P} = \frac{n}{N} \tag{3.17}$$

式中,n 为按某一准则发生失效的次数;N 为模拟的总数。

例如:在例3.1中,假设进行100次模拟,而 $Y < 0$ 发生次数为5,那么估计失效概率为 $5/100 = 5\%$。如果再进行100次的模拟,此时 $Y < 0$ 发生7次,那么估计概率为 7%。估计的概率 $\bar{P}$ 将随样本发生变化,也可以将估计概率作为随机变量,它也有均值、方差、变异系数等参数。

令 P_{true} 表示要估计的 $\bar{P}$ 的理论准确概率。

那么 $\bar{P}$ 的数字特征为

$$E(\bar{P}) = P_{\text{true}} \tag{3.18}$$

$$\sigma_{\bar{P}}^2 = \frac{1}{N}[P_{\text{true}}(1 - P_{\text{true}})] \tag{3.19}$$

$$V_{\bar{P}} = \sqrt{\frac{1 - P_{\text{true}}}{N P_{\text{true}}}} \tag{3.20}$$

由式(3.20)可观察到估计概率的不确定性随 N 值的增加而减少,该式可以用来确定估计概率达到预期精度所需要的模拟数量。

式(3.20)可以用二项分布来证明。

对于二项分布:$P(x = k) = C_n^k p^k q^{n-k}$,$X$ 服从正态分布 $B(n, p)$,其期望 $E(X) = np$,方差 $D(X) = npq$。令 Y_n 表示失效发生的次数,而 $\bar{P} = \frac{Y_n}{N}$。Y_n 服从于二项分布 $B(n, P_{\text{true}})$,故

$$E\left(\frac{Y_n}{N}\right) = P_{\text{true}}, \quad D\left(\frac{Y_n}{N}\right) = \frac{D(Y_n)}{N^2} = \frac{P_{\text{true}}(1 - P_{\text{true}})}{N}, \quad E(\bar{P}) = P_{\text{true}} \tag{3.21}$$

例3.4 假设估计的概率为 10^{-2},如果估计概率的变异系数小于 10%,需要多少次模拟?

解

$$N = \frac{1 - P_{\text{true}}}{V_{\bar{P}}^2 \times P_{\text{true}}} = \frac{1 - 10^{-2}}{0.1^2 \times 10^{-2}} = 9\ 900$$

利用蒙特卡罗方法估计概率精度改善需要大量模拟,需要的样本空间大小与需要的变异系数和估计概率大小有关。

　　例 3.5　功能函数 $Y = R - Q$,其中 R 和 Q 均为随机变量,R 为对数正态分布,均值为 200,标准差为 20;Q 服从极值 Ⅰ 型分布,均值为 100,标准差为 2。试利用蒙特卡罗方法确定 $Y < 0$ 的概率。

　　解　(1)确定需要的模拟数量,为运算简单取 $N = 25$。

　　(2)生成 25 个均匀分布随机数来模拟 R,另外 25 个均匀分布随机数模拟 Q,具体值见表 3.3。

　　(3)生成 25 个 r_i 和 q_i 值。

　　①生成 r_i。

　　变异系数:

$$V_R = \frac{\sigma_R}{\mu_R} = \frac{20}{200} = 0.1$$

$$\mu_{\ln R} = \ln(\mu_R) - \frac{1}{2}\sigma_{\ln R}^2 = 5.29$$

$$\sigma_{\ln R}^2 = \ln(V_R^2 + 1) = \ln(0.1^2 + 1) = 0.0995$$

则

$$r_i = \exp(\mu_{\ln R} + z_i \times \sigma_{\ln R}), \quad z_i = \Phi^{-1}(u_i)$$

　　②生成 q_i。

　　极值 Ⅰ 型:

$$F_X(x) = e^{-e^{-\alpha(x-\mu)}}, \quad x \in (-\infty, +\infty)$$

$$f_x(x) = \alpha e^{-e^{-\alpha(x-\mu)}} \cdot e^{-\alpha(x-\mu)}$$

$$\mu_x = u + \frac{0.577}{\alpha} = 100, \quad \sigma_x = \frac{1.282}{\alpha} = 12$$

$$\alpha = 0.107, \quad u = 94.6$$

则

$$q_i = F_Q^{-1}(u_i) = \frac{94.6}{u} - \frac{\ln(-\ln(u_i))}{0.107}$$

　　(4)计算 N 个 y_i 值:$y_i = r_i - q_i$,结果见表 3.4。

　　(5)估计 $Y < 0$ 的概率,从表 3.4 可看出没有 $Y < 0$ 的值,说明 $\bar{P} = \dfrac{n}{N}$ 等于零这个结果不合理。

　　实际该问题 $Y < 0$ 的概率为 $10^{-4} \sim 10^{-5}$,变异系数为 0.1 左右,因此需要的模拟次数为

$$N = \frac{1 - P_{true}}{V_P^2 P_{true}} = \frac{1 - 10^{-4}}{0.1 \times 10^{-4}} \approx 10^6$$

表 3.4 例题 3.5 生成的随机数

u_i	z_i	r_i	u_i	q_i	$y_i = r_i - q_i$
0.050 203	−1.643	168.3	0.269 082	92.1	76.3
0.619 129	0.303	204.4	0.482 640	97.3	107.1
0.872 402	1.138	222.2	0.422 864	96.0	126.2
0.376 568	−0.315	192.2	0.467 299	97.2	95.1
0.139 927	−1.081	178.1	0.415 784	95.8	82.2
0.318 491	−0.472	189.2	0.523 667	98.7	90.5
0.987 671	2.247	248.2	0.243 629	91.4	156.8
0.033 265	−1.835	165.5	0.741 569	105.9	59.3
0.234 626	−0.724	184.5	0.408 673	95.6	88.9
0.623 157	0.314	204.7	0.021 790	82.1	122.6
0.957 884	1.727	235.6	0.547 472	99.3	136.3
0.518 906	0.047	199.3	0.749 779	106.2	93.0
0.442 305	−0.145	195.5	0.681 600	103.6	91.9
0.445 845	−0.136	195.7	0.140 538	88.3	107.4
0.834 284	0.971	218.5	0.888 607	114.6	104.0
0.811 213	0.882	216.6	0.105 136	87.0	129.6
0.935 728	1.520	230.8	0.067 202	85.3	145.5
0.450 423	−0.125	195.9	0.864 772	112.6	83.3

3.2 相关正态随机变量的模拟

前述为不相关变量的模拟方法,本节介绍相关正态随机变量的模拟方法(仅限于正态随机变量,但其他变量可以近似)。

令 $X_1, X_2, \cdots, X_n$ 是一组相关的正态随机变量:

均值为

$$\{\mu_x\} = \{\mu_{x_1}, \mu_{x_2}, \cdots, \mu_{x_n}\} \qquad (3.22)$$

协方差为

$$[C_X] = \begin{bmatrix} \mathrm{cov}(x_1 x_1) & \mathrm{cov}(x_1 x_2) & \cdots & \mathrm{cov}(x_1 x_n) \\ \cdots & \cdots & & \cdots \\ \mathrm{cov}(x_n x_1) & \mathrm{cov}(x_n x_2) & \cdots & \mathrm{cov}(x_n x_n) \end{bmatrix} \tag{3.23}$$

首先生成与 $x_1,\cdots,x_n$ 不相关的随机数 $y_1,y_2,\cdots,y_n$，然后利用变量转换技术生成 n 个变量 $x_1,\cdots,x_n$，令 $\{X\} = \{T\}\{Y\}$。其中，$\{T\}$ 为转换矩阵,利用该方法需要得到矩阵 $\{T\}$ 以及变量 Y_i 的均值和方差。

这里需要计算出转换矩阵。由线性代数知识,若 A 为 n 阶实对称阵,必然有正交阵 $[T]$，使得 $T^{-1}AT = \Lambda$（对角阵）。令 A 为 n 阶对称方阵,存在一个对角阵 $[D]$ 和一个方阵 $[T]$ 使

$$\begin{cases} [D] = [T]^{\mathrm{T}}[A][T] \\ \{A\} = \{T\}\{D\}\{T\}^{\mathrm{T}} \end{cases} \tag{3.24}$$

正交阵意味着 $[T]^{\mathrm{T}}[T] = E$，即转置等于逆。矩阵 $[T]$ 包含有方阵 $[A]$ 的特征向量,对角阵包含有方阵 $[A]$ 的特征值。

方阵 $[A]$ 相当于相关随机向量 $\{X\}$ 的协方差矩阵 $[C_X]$，矩阵 $[T]$ 由协方差矩阵 $[C_X]$ 的特征向量构成,那么对角阵 $[D]$ 相当于需要找到的不相关变量的协方差矩阵。可表示为

$$[C_Y] = [T]^{\mathrm{T}}[C_X][T] = \begin{bmatrix} \sigma_{Y1}^2 & \cdots & 0 \\ \vdots & & \vdots \\ 0 & \cdots & \sigma_{Yn}^2 \end{bmatrix} \tag{3.25}$$

$$[C_X] = [T][C_Y][T]^{\mathrm{T}} \tag{3.26}$$

变量 Y_i 的均值为

$$\{\mu_y\} = [T]\{\mu_x\} \tag{3.27}$$

如果得到 Y 值,那么可利用式 $\{X\} = \{T\}\{Y\}$ 得到 $\{X\}$。

例 3.6　设有两个相关正态随机变量 X_1 和 X_2。其均值 $\mu_{x_1} = 12, \mu_{x_2} = 15$；变异系数 $V_{x_2} = 0.2, V_{x_1} = 0.1$；相关系数 $\rho_{12} = 0.5$。确定转换函数 Y_1 和 Y_2 的均值和方差。

解　根据给定信息，X_1 和 X_2 的标准差分别为

$$\sigma_{x_1} = V_{x_1}\mu_{x_1} = (0.1 \times 12) = 1.2$$
$$\sigma_{x_2} = V_{x_2}\mu_{x_2} = (0.2 \times 15) = 3$$

变量 $\{X\}$ 的均值和协方差矩阵为

$$\begin{Bmatrix} \mu_{x_1} \\ \mu_{x_2} \end{Bmatrix} = \begin{Bmatrix} 12 \\ 15 \end{Bmatrix}$$

$$[C_X] = \begin{bmatrix} \sigma_{x_1}^2 & \rho_{12}\sigma_{x_1}\sigma_{x_2} \\ \rho_{12}\sigma_{x_1}\sigma_{x_2} & \sigma_{x_2}^2 \end{bmatrix} = \begin{bmatrix} 1.44 & 1.8 \\ 1.8 & 9 \end{bmatrix}$$

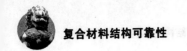

下面要求$[C_X]$的特征向量和特征值,并得到转换矩阵$[T]$,令

$$|A - \lambda I| = 0$$

$$\begin{vmatrix} 1.44 - \lambda & 1.8 \\ 1.8 & 9 - \lambda \end{vmatrix} = 0$$

得

$$\lambda^2 - 10.44\lambda + 9.72 = 0$$

所以

$$\begin{cases} \lambda_1 = 1.04 \\ \lambda_2 = 9.41 \end{cases}$$

转换矩阵为

$$[T] = \begin{bmatrix} 0.975 & 0.22 \\ -0.22 & 0.975 \end{bmatrix}$$

那么

$$\begin{Bmatrix} \mu_{y_1} \\ \mu_{y_2} \end{Bmatrix} = [T]^{\mathrm{T}} \begin{Bmatrix} \mu_{x_1} \\ \mu_{x_2} \end{Bmatrix} = \begin{bmatrix} 0.975 & 0.22 \\ -0.22 & 0.975 \end{bmatrix} \begin{Bmatrix} 12 \\ 15 \end{Bmatrix} = \begin{Bmatrix} 15 \\ 11.99 \end{Bmatrix}$$

$$[C_Y] = [T]^{\mathrm{T}}[C_X][T] = \begin{bmatrix} 0.975 & -0.22 \\ 0.22 & 0.975 \end{bmatrix} \begin{bmatrix} 1 & 1.5 \\ 1.5 & 9 \end{bmatrix} \begin{bmatrix} 0.975 & 0.22 \\ -0.22 & 0.975 \end{bmatrix} =$$

$$\begin{bmatrix} 1.32 & 0 \\ 0 & 9.40 \end{bmatrix}$$

3.3　拉丁超立方抽样

对于有些复杂问题,一次实验花费时间较长,成千上万次模拟,代价太高。拉丁超立方抽样(LHS)方法为减少抽样次数的方法,是一种从多元参数分布中近似随机抽样的方法,常用于计算机实验或蒙特卡罗积分等。麦凯(McKay)等人于1979年提出了拉丁超立方抽样,但此前 Eglājs 于1977年独立提出过相同的抽样方法,1981年伊曼(Ronald L. Iman)等进一步发展了该方法。

该方法将每一个随机输入变量的取值范围分成多段,每段中随机选择一个值作为代表值。每个变量代表值组合起来,在模拟过程中使每个代表值出现且仅出现一次。

假设模拟某一个函数Y

$$Y = f(X_1, X_2, \cdots, X_k) \tag{3.28}$$

式中,f为确定函数;$X_1, X_2, \cdots, X_k$为随机变量。

拉丁超立方抽样方法的基本步骤如下：

（1）将每个变量 X_i 在其定义域内分成 N 段，分段原则尽量使在每段内 X_i 的概率分布值为 $\dfrac{1}{N}$。

（2）对于每个变量 X_i 和它的 N 个间隔，每一段内随机选择一个代表值，实际应用中，如果分段数很大，每个段的中心点值可以代替随机抽样。

（3）k 个随机变量，共有 N^k 个可能的代表值组合，拉丁超立方抽样方法中，选择 N 个组合，使每个代表值必须出现，并且在这 N 个组合中仅出现一次。

（4）为了获取第一个组合，随机从 k 个变量中的 N 个代表值中选取一个，然后从余下 $N-1$ 个值中选取第二个组合，依此类推。

（5）利用式（3.28）和上面得到的 N 个组合计算函数 y，得到 $y_i = f(x_1, x_2, \cdots, x_k)$。

Y 的统计参数估计如下：

均值为

$$\bar{Y} = \frac{1}{N} \sum_{i=1}^{N} y_i \tag{3.29}$$

m 阶矩为

$$Y = \frac{1}{N} \sum_{i=1}^{n} (y_i)^m \tag{3.30}$$

失效概率估计为

$$F_Y(Y) = \frac{y_i \leqslant y}{N} \tag{3.31}$$

例 3.7　两个随机变量的简单例子，估计下列函数的均值：$Y = 4X_1 - 9X_2$。X_1 是在 2 和 4 之间的均匀分布随机变量；X_2 是均值为 0.6、标准差为 0.1 的正态随机变量；两个随机变量 $k = 2$。

解　假设每个变量分成 4 段（$N = 4$），在每一段等值发生概率为 $\dfrac{1}{N} = 0.25$。相应的间隔为

X_1（均匀）	(2,2.5)	(2.5,3)	(3,3.5)	(3.5,4)
X_2（正态）	$(-\infty, 0.533)$	(0.533,0.6)	(0.6,0.667)	$(0.667, +\infty)$

在每一间隔内随机选取一个值，假设选取以下值：

X_1（均匀）	(2.23)	(2.90)	(3.04)	(3.81)
X_2（正态）	(0.51)	(0.55)	(0.61)	(1.5)

那么全部可能 4 个，随机生成 4 对组合，每个值出现且仅出现一次，得下列 4

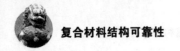

对组合：

$$(x_1, x_2) = (2.23, 0.55); (2.90, 1.5); (3.04, 0.61); (3.81, 0.51)$$

每一组合得到相应 y 值：

$$y(2.23, 0.55) = 3 \times 2.23 - 7 \times 0.55 = 3.97$$

$$y(2.90, 1.5) = -1.9$$

$$y(3.04, 0.61) = 6.67$$

$$y(3.81, 0.51) = 10.65$$

均值为

$$\bar{Y} = \frac{1}{N} \sum_{i=1}^{N} y_i = 4.85$$

为了比较，由于函数为线性，函数的均值为

$$\mu_Y = 4(\mu_{X_1}) - 7(\mu_{X_2}) = 6.6$$

可以看出，由于 N 取得比较小，二者相差比较大。

3.4　概率矩点估计法

概率矩点估计法由墨西哥学者罗森布鲁斯（Rosenblueth）于 1975 年提出，所以又称 Rosenblueth 法。Rosenblueth 法是一种简单实用的可靠度指标计算方法，不需要了解各随机变量的概率分布，只需要利用它们的均值和方差就可以求得可靠度指标。

复杂问题有多种估计法，Rosenblueth 的 $2K + 1$ 点估计法是比较容易实现的模拟方法。它需要计算 $N = 2K + 1$ 个模拟数，K 为输入随机变量的个数。它的基本思想是在 $2K + 1$ 个关键点评价随机变量的函数，然后用这些信息来估计函数的均值和方差，但该方法忽略了概率分布信息。

定义一个函数 Y

$$Y = f(X_1, X_2, \cdots, X_k) \tag{3.32}$$

式中，Y 是一个确定函数（但可能不知道闭合解）；X_k 是随机输入变量。

Rosenblueth $2K + 1$ 点方法步骤如下：

（1）对 K 个输入随机变量，确定其均值和方差。

（2）定义函数 $y_0 = f(\mu_{x_1}, \mu_{x_2}, \cdots, \mu_{x_k})$。

（3）在另外 $2K$ 个点来估计函数，对随机变量 X_i，用两个值 $\mu_{x_i} \pm \sigma_{x_i}$ 代替其均值，其余变量保持均值不变。y_i^+ 或 y_i^- 表示为

$$y_i^+ = f(\mu_{x_1}, \mu_{x_2}, \cdots, \mu_{x_i} + \sigma_{x_i}, \cdots, \mu_{x_k}) \tag{3.33}$$

$$y_i^- = f(\mu_{x_1}, \mu_{x_2}, \cdots, \mu_{x_i} - \sigma_{x_i}, \cdots, \mu_{x_k}) \tag{3.34}$$

（4）计算以下两个量：

$$\bar{y}_i = \frac{y_i^+ + y_i^-}{2} \tag{3.35}$$

$$V_{y_i} = \frac{y_i^+ - y_i^-}{y_i^+ + y_i^-} \tag{3.36}$$

（5）计算 Y 的估计均值和变异系数：

$$\bar{Y} = y_0 \prod_{i=1}^{k} \left(\frac{\bar{y}_i}{y_0} \right) \tag{3.37}$$

$$V_Y = \sqrt{\left\{ \prod_{i=1}^{k} (1 + V_{y_i}^2) \right\} - 1} \tag{3.38}$$

该方法有两个优点：① 不必知道输入随机变量的分布，而只需知道其一、二阶矩阵；② 抽样数量相对较少。

例 3.8　由 $2K + 1$ 点法估计 $Y = 4x_1 - 9x_2$ 函数的均值和变异系数。

其中，x_1 服从 $(2,4)$ 均匀分布；x_2 服从均值为 0.5、标准差为 0.1 的正态分布。求 Y 的均值、标准差和变异系数。

解　（1）已经确定变量的均值和方差。

$$Y = 4x_1 - 9x_2$$

由题可知 $K = 2$；x_1 的均值为 3；方差为 $\frac{(b-a)^2}{12} = \frac{1}{3}$。

（2）计算 y_0。

$$y_0 = 4\mu_{x_1} - 9\mu_{x_2} = 4 \times (3) - 9 \times (0.5) = 7.5$$

（3）在 $2K$ 点估计函数值。

$$y_1^+ = f(\mu_{x_1} + \sigma_{x_1}, \mu_{x_2}) = 4\left(3 + \sqrt{\frac{1}{3}}\right) - 9 \times 0.5 = 9.808$$

$$y_1^- = f(\mu_{x_1} - \sigma_{x_1}, \mu_{x_2}) = 4\left(3 - \sqrt{\frac{1}{3}}\right) - 9 \times 0.5 = 5.192$$

$$y_2^+ = f(\mu_{x_1}, \mu_{x_2} + \sigma_{x_2}) = 4 \times 3 - 9(0.5 + 0.1) = 6.6$$

$$y_2^- = f(\mu_{x_1}, \mu_{x_2} - \sigma_{x_2}) = 4 \times 3 - 9(0.5 - 0.1) = 8.4$$

（4）计算中间量。

$$\bar{y}_1 = \frac{y_1^+ + y_1^-}{2} = \frac{9.808 + 5.192}{2} = 7.5$$

$$\bar{y}_2 = \frac{y_2^+ + y_2^-}{2} = \frac{6.6 + 8.4}{2} = 7.5$$

$$V_{y_1} = \frac{y_1^+ - y_1^-}{y_1^+ + y_1^-} = \frac{9.808 - 5.192}{9.808 + 5.192} = 0.308$$

$$V_{y_2} = \frac{y_2^+ - y_2^-}{y_2^+ + y_2^-} = \frac{6.6 - 8.4}{6.6 + 8.4} = -0.12$$

(5) 估计函数 Y 的均值和方差。

$$\bar{Y} = y_0 \prod_{i=1}^{2} \left(\frac{\bar{y_i}}{y_0} \right) = 7.5 \times \frac{7.5}{7.5} \times \frac{7.5}{7.5} = 7.5$$

$$V_Y = \sqrt{\left\{ \prod_{i=1}^{2} \left(1 + V_{y_i}^2 \right) \right\} - 1} = \sqrt{(1 + 0.308^2)(1 + (-0.12)^2) - 1} = 0.365$$

与理论解比较，理论均值为 $\mu_Y = 7.5$。

$$\sigma_Y^2 = \sum_{i=1}^{2} a_i^2 \sigma_i^2 = 4^2 \times \left(\sqrt{\frac{1}{3}} \right)^2 + (-9)^2 \times 0.1^2 = 6.137$$

$$V_Y = \frac{\sigma_Y}{\mu_Y} = \frac{\sqrt{6.137}}{7.5} = 0.33$$

虽然模拟结果与精确解基本一致，但是这里不能说明该方法比拉丁超立方抽样方法更准确，本例只是巧合。

习　　题

1. 假设结构上恒载 D 服从正态分布，均值 $\mu_D = 2.0\ \mathrm{N}$，变异系数为 10%，恒载的概率密度函数示意图如图 3.5 所示。

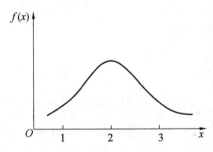

图 3.5　恒载的概率密度函数示意图

利用计算机计算：

(1) 生成一组 100 个恒载值。

(2) 利用模拟数据计算样本的均值和方差并与题目中给出的相比较。

(3) 画出模拟得到的数据的相对频率直方图。比较与标准分布 PDF 的相似性。

(4) 画出模拟得到的数据的累积频率直方图。比较与标准分布 PDF 的相似性。

2. 如图 3.6 所示有一悬臂梁,已知载荷 p 和 W 是独立的随机正态变量,参数如下:

$$\mu_P = 4\ 000\ \text{N}, \quad \mu_W = 50\ \text{N/m}$$
$$\sigma_P = 400\ \text{N}, \quad \sigma_W = 5\ \text{N/m}$$

利用蒙特卡罗方法,计算在距离一端 8 m 处弯矩 M 的均值和方差。

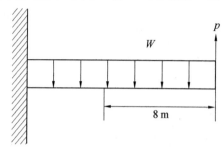

图 3.6　悬臂梁及其载荷示意图

3. 利用计算机计算:

(1)模拟 100 个均匀分布在 −3 到 4 之间的随机整数值。

(2)画出相对频率直方图。

第4章

结构可靠度理论

4.1　极限状态

极限状态指一个结构的失效和未失效的功能间的边界,一般在数学上用极限状态函数或功能函数来表示。第1章已经阐述了极限状态概念,本节进一步举例说明。

例如:一座桥梁结构如图4.1所示,定义失效为在许可情况下的多种失效模式下发生开裂、腐蚀、过长变形、剪切或弯矩承载力超限、屈曲。构件可能发生脆性破坏或延性破坏。传统方法中,每一失效模式分开考虑,每一模式可用极限状态描述,结构可靠性分析中有三类极限状态。

（1）承载力极限状态:塑性变形、剪切、弯曲、失稳、屈曲。

（2）正常使用极限状态:舒适性、维护成本、结构完整性、大变形、大的震动、

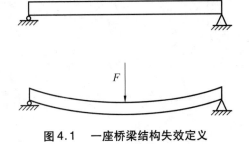

图4.1　一座桥梁结构失效定义

永久变形、裂纹。

（3）疲劳极限状态。

4.2 极限状态函数

极限状态函数也称功能函数,传统的安全裕度与极限状态关联,功能函数定义为

$$g(R,Q) = R - Q \tag{4.1}$$

式中,R 为结构抗力;Q 为载荷效应;$g \geqslant 0$,安全;$g < 0$,不安全。

失效概率定义为

$$P_f = P(R - Q < 0) = P(g < 0) \tag{4.2}$$

如果 R 和 Q 都是连续的随机变量,各自概率密度函数如图4.2所示,那么 $R - Q$ 同样也是一个随机变量。

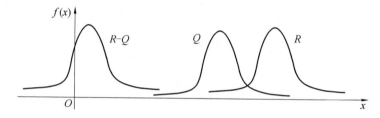

图4.2 R 和 Q、$R - Q$ 的概率密度函数

结构状态分为两类:安全($Q \leqslant R$)和失效($Q > R$)。

结构状态可以用不同参数 $g(x_1, x_2, \cdots, x_n)$ 来描述,如恒载、活载、长度、深度、屈服强度、惯性矩等。

功能函数 $g(x_1, x_2, \cdots, x_n)$ 有以下三种状态:

$$\begin{cases} g(x_1, x_2, \cdots, x_n) > 0 & \text{安全} \\ g(x_1, x_2, \cdots, x_n) = 0 & \text{临界} \\ g(x_1, x_2, \cdots, x_n) < 0 & \text{失效} \end{cases}$$

（1）令 Q = 全部载荷效应,R = 抗力,则

$$g(R,Q) = R - Q$$

$$g(R,Q) = \frac{R}{Q} - 1$$

（2）如某钢梁的弯矩承载力 $R = F_y z$,F_y 为屈服应力,$z = I/y_{max}$ 表示抗弯截面模量,则有

$$g(F_y, z, Q) = F_y z - Q$$

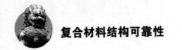

（3）载荷效应更细考虑包括恒载、活载、风、地震等，则有

$$Q = D + L + W + E$$

$$g(F_y, z, D, L, W, E) = F_y z - D - L - W - E$$

4.3　失效概率与应力强度干涉模型

4.3.1　失效概率

以简单的功能函数为例：$g(R,Q) = R - Q$，介绍失效概率的一般表达式如图 4.3 所示。

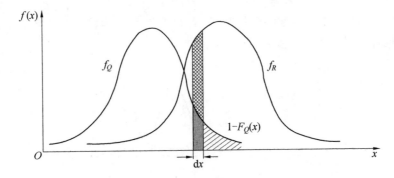

图 4.3　R 和 Q 的概率密度函数

如果 R 等于某一特定值 r_i，失效概率为载荷大于结构抗力 $P(Q > r_i)$ 的概率，由于 R 是一个随机变量，失效概率 R 和 Q 为所有可能的组合，即 $R = r_i$ 和 $Q > r_i$ 同时发生的所有组合。

根据条件概率：

$$P(E_1 \mid E_2) = \frac{P(E_1 \cap E_2)}{P(E_2)} \tag{4.3}$$

则失效概率为

$$P_f = \sum P(R = r_i \cap Q > r_i) = \sum P(Q > R \mid R = r_i) P(R = r_i) \tag{4.4}$$

对于连续情况，式（4.4）可以写成积分形式，失效概率前部分 $P(Q > R \mid R = r_i)$，可以化为

$$1 - P(Q < R \mid R = r_i) = 1 - F_Q(r_i) \tag{4.5}$$

在极限情况 $P(R = r_i) = f_R(r_i) \mathrm{d} r_i$，将其代入式（4.4）有连续情况下失效概率表达式

$$P_f = \int_{-\infty}^{+\infty} (1 - F_Q(r_i)) f_R(r_i) \mathrm{d}r_i = 1 - \int_{-\infty}^{+\infty} F_Q(r_i) f_R(r_i) \mathrm{d}r_i \tag{4.6}$$

同理也可以得到另一种形式,如果载荷 Q 等于某一特定值 q_i,那么失效概率等于抗力小于载荷的概率 $P(R < q_i)$。由于 Q 是随机变量,因此失效概率应是所有 $Q = q$ 和 $R < q_i$ 同时发生的一切可能组合,有

$$P_f = \sum p(R < Q \mid Q = q_i) p(Q = q_i) \tag{4.7}$$

以上类似推导,有

$$P(R < Q \mid Q = q_i) = F_R(q_i) \tag{4.8}$$

$$P_f = \int_{-\infty}^{+\infty} F_R(q_i) f_Q(q_i) \mathrm{d}q_i \tag{4.9}$$

以上是两个变量情况下的一般推导,实际函数复杂,获得显示表达很难。

关于 R 和 Q 二维状态空间的安全和失效域如图 4.4 所示。

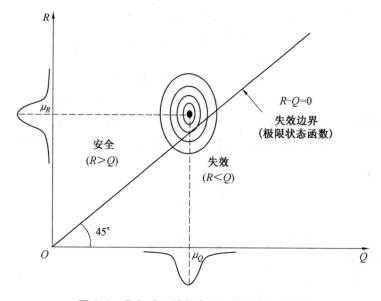

图 4.4　R 和 Q 二维状态空间的安全和失效域

根据二维状态空间,从二维积分推导的失效概率表达式为

$$P_f = \iint_{\Omega} f(r) f(q) \mathrm{d}r\mathrm{d}q =$$

$$\int_{-\infty}^{+\infty} \Big[\int_{-\infty}^{q} f(r) \mathrm{d}r \Big] f(q) \mathrm{d}q =$$

$$\int_{-\infty}^{+\infty} \Big[\int_{r}^{+\infty} f(q) \mathrm{d}q \Big] f(r) \mathrm{d}r \tag{4.10}$$

式中

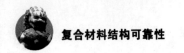

$$\int_{-\infty}^{q} f(r)\,\mathrm{d}r = F_R(q)$$

$$\int_{r}^{+\infty} f(q)\,\mathrm{d}q = 1 - F_Q(r_i)$$

4.3.2 干涉区

经典可靠度理论中,图 4.5 所示的 R 和 Q 概率密度函数曲线的重叠区域为干涉区,注意干涉区的面积和结构失效概率不能等同。

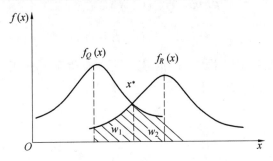

图 4.5 R 和 Q 概率密度函数曲线

下面给出其证明。在图 4.5 中,令 R 和 Q 两概率曲线交点为 x^*,自交点作 x 轴垂线,垂线与概率密度曲线 $f_R(x)$ 的左半部分围成的区域面积为 w_1,垂线与概率密度曲线 $f_Q(x)$ 的右半部分围成的区域面积为 w_2,则(不失一般性积分从零开始)

$$w_1 = \int_0^{x^*} f_R(x)\,\mathrm{d}x = F_R(x^*) \tag{4.11}$$

$$w_2 = \int_{x^*}^{+\infty} f_Q(x)\,\mathrm{d}x = 1 - \int_{x^*}^{+\infty} f_Q(x)\,\mathrm{d}x = 1 - F_Q(x^*) \tag{4.12}$$

干涉区域的面积为 $w_1 + w_2$。

结构失效概率为

$$P_f = \int_0^{+\infty} F_R(x) f_Q(x)\,\mathrm{d}x = \int_{x^*}^{+\infty} F_R(x) f_Q(x)\,\mathrm{d}x + \int_0^{x^*} F_R(x) f_Q(x)\,\mathrm{d}x \tag{4.13}$$

式(4.13)第一项

$$\int_{x^*}^{+\infty} F_R(x) f_Q(x)\,\mathrm{d}x = \int_{x^*}^{+\infty} F_R(x)\,\mathrm{d}F_Q(x) = F_R(x) F_Q(x)\,\Big|_{x^*}^{+\infty} - \int_{x^*}^{+\infty} F_\varphi(x) f_R(x)\,\mathrm{d}x =$$

$$1 - F_R(x^*) F_Q(x^*) - \int_{x^*}^{+\infty} F_Q(x) f_R(x)\,\mathrm{d}x <$$

$$1 - F_R(x^*) F_Q(x^*) - \int_{x^*}^{+\infty} F_\varphi(x^*) f_R(x^*)\,\mathrm{d}x =$$

$$1 - F_R(x^*) F_Q(x^*) - F_Q(x^*)\left[1 - F_Q(x^*)\right] \tag{4.14}$$

（因为 $x > x^*$，所以 $F_Q(x) > F_Q(x^*)$）

式（4.13）第二项

$$\int_0^{x^*} F_R(x)f_Q(x)\,\mathrm{d}x < \int_0^{x^*} F_R(x)f_Q(x^*)\,\mathrm{d}x = F_R(x^*)_Q(x^*) \tag{4.15}$$

（因为 $x < x^*$，所以 $F_R(x) < F_R(x^*)$）

因此

$$P_f < 1 - F_Q(x^*) + F_R(x^*)F_Q(x^*) = w_2 + w_1(1 - w_2) = w_1 + w_2 - w_1 w_2 \tag{4.16}$$

利用失效概率的另一种表达形式，有

$$P_f = \int_0^{+\infty}(1 - F_Q(x))f_R(x)\,\mathrm{d}x > \int_0^{x^*}(1 - F_Q(x))f_R(x)\,\mathrm{d}x >$$

$$\int_0^{x^*}(1 - F_Q(x^*))f_R(x)\,\mathrm{d}x = (1 - F_Q(x^*))f_R(x^*) = w_1 w_2 \tag{4.17}$$

因此

$$w_1 w_2 < P_f < w_1 + w_2 - w_1 w_2 \tag{4.18}$$

该结果在两个随机变量且功能函数为线数函数情况下得出，如果仍考虑两个随机变量，但功能函数为非线性时，式（4.18）也不一定成立。从而看出干涉区面积与结构失效概率不存在特定关系。

由于 R、Q 都是随机变量，定义一个联合概率密度函数 $f_{RQ}(\gamma, q)$，图 4.6 为一般联合概率密度函数示意图。

这个联合概率密度函数很难得到显示表达式，因此引入可靠度指标来评价结构安全。

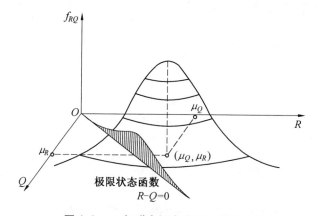

图 4.6　一般联合概率密度函数示意图

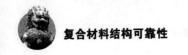

4.4　可靠度指标几何意义

以式(4.1)的功能函数为例,设其中的随机变量服从一般正态分布,将其中所有变量转换成标准正态变量形式,对于 R 和 Q 的标准形式可表示为

$$Z_R = \frac{R - \mu_R}{\sigma_R} \tag{4.19}$$

则可以得出

$$R = \mu_R + Z_R \sigma_R \tag{4.20}$$

$$Z_Q = \frac{Q - \mu_Q}{\sigma_Q} \tag{4.21}$$

有

$$\begin{cases} R = \mu_R + Z_R \sigma_R \\ Q = \mu_Q + Z_Q \sigma_Q \end{cases} \tag{4.22}$$

式中,Z_R 和 Z_Q 为标准正态分布随机变量。

极限状态函数 $g(R, Q) = R - Q$ 可以表示为

$$g(Z_R, Z_Q) = \mu_R + Z_R \sigma_R - \mu_Q - Z_Q \sigma_Q = (\mu_R - \mu_Q) + Z_R \sigma_R - Z_Q \sigma_Q$$

$$\tag{4.23}$$

对任何给定值 $g(Z_R, Z_Q)$,式(4.23)代表在所给变量 Z_R、Z_Q 状态空间中的一条直线。对人们来说,感兴趣的是直线 $g(Z_R, Z_Q) = 0$。

本节定义可靠度指标为在标准化正态变量坐标系中原点到直线 $g(Z_R, Z_Q) = 0$ 的最短距离,如图4.7所示。

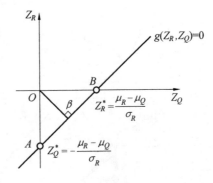

图4.7　标准化正态变量坐标系下的直线方程

将可靠度指标几何意义推广到极限状态函数为非限性情况,即为在标准正

态变量坐标系下原点到极限状态曲线的最短距离。

$$\beta = \frac{\mu_R - \mu_Q}{\sqrt{\sigma_R^2 + \sigma_Q^2}} \quad (4.24)$$

下面讨论 R、Q 服从对数正态分布情况，令

$$Z = \ln\left(\frac{R}{Q}\right) = \ln R - \ln Q \quad (4.25)$$

则 Z 服从正态分布。

均值：

$$\mu_z = \mu_{\ln R} - \mu_{\ln Q} = \ln\left(\frac{\mu_R}{\sqrt{1 + V_R^2}}\right) - \ln\left(\frac{\mu_Q}{\sqrt{1 + V_Q^2}}\right) = \ln\left(\frac{\mu_R}{\mu_Q}\sqrt{\frac{1 + V_Q^2}{1 + V_R^2}}\right) \quad (4.26)$$

$$\sigma_z^2 = \sigma_{\ln R}^2 + \sigma_{\ln Q}^2 = \ln(1 + V_R^2) + \ln(1 + V_Q^2) = \ln[(1 + V_R^2)(1 + V_Q^2)] \quad (4.27)$$

$$\beta = \frac{\mu_z}{\sigma_z} = \frac{\mu_{\ln R} - \mu_{\ln Q}}{\sqrt{\sigma_R^2 + \sigma_Q^2}} = \frac{\ln\left(\frac{\mu_R}{\mu_Q}\sqrt{\frac{1 + V_Q^2}{1 + V_R^2}}\right)}{\sqrt{\ln[(1 + V_R^2)(1 + V_Q^2)]}} \quad (4.28)$$

当 V_R、V_Q 均小于 0.2 时，可近似为

$$\beta \approx \frac{\ln(\mu_R/\mu_Q)}{\sqrt{V_R^2 + V_Q^2}} \quad (4.29)$$

4.5　一次二阶矩可靠度指标

4.5.1　线性极限状态函数

对于线性极限状态函数

$$g(X_1, X_2, \cdots, X_n) = a_0 + a_1X + a_2X_2 + \cdots + a_nX_n = a_0 + \sum_{i=1}^{n} a_iX_i \quad (4.30)$$

式中，a_i 为常数；X_i 为随机变量。

根据 Hasofer - Lind(哈索夫 - 林德) 定义的可靠度指标有

$$\beta = \frac{a_0 + \sum_{i=1}^{n} a_i\mu_{x_i}}{\sqrt{\sum_{i=1}^{n} (a_i\sigma_{x_i})^2}} \quad (4.31)$$

β 与均值和标准差有关，因此称为结构安全的二阶矩表征，β 与随机变量的概率分

布没有直接关系。如果所有的随机变量都是正态分布且不相关的,那么 β 与 P_f 的关系可用式 $[P_f = \Phi(-\beta)$ 或 $\beta = \Phi^{-1}(P_f)]$ 表示,数学上也是严密的;否则式(4.31)只能近似描述可靠度指标和失效概率两者的关系。

例 4.1 如图 4.8 所示有一简支梁,承受均布载荷和集中载荷,p、W 及屈服应力 F_Y 都为随机变量,但长度 L、截面矩 Z 是已知的定值,w、p、F_Y 的统计参数如下:

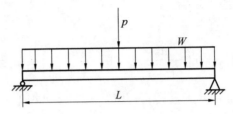

图 4.8 承受均布载荷和集中载荷的简支梁

(1) 对于 W:标准值 $W_n = 0.25$ kN/m,偏差系数 $\lambda_W = 1.0$。

$$\mu_W = \lambda_W w_n = 0.25 \text{ kN/m}$$

$$V_W = 10\%$$

所以

$$\sigma_W = V_W \mu_W = 0.025 \text{ kN/m}$$

(2) 对于 p:标准值 $p_n = 12.0$ kN,偏差系数 $\lambda_p = 0.85$。

$$\mu_p = P_n \lambda_p = 12.0 \times 0.85 = 10.2 \text{ kN}$$

$$V_p = 10\%$$

所以

$$\sigma_p = V_p \mu_p = 1.12 \text{ kN}$$

(3) 对于 F_Y:标准值 $F_{Y_n} = 36$ kN/m^2,偏差系数 $\lambda_F = 1.12$。

$$\mu_{F_Y} = F_{Y_n} \lambda_F = 40.3 \text{ kN/m}^2$$

$$V_{F_Y} = 11.5\%$$

所以

$$\sigma_{F_Y} = V_{F_Y} \mu_{F_Y} = 4.64 \text{ kN/m}^2$$

每一个参数指定了一个偏差系数,定义为变量的均值与标准差的比值,已知 $L = 216$ m,$Z = 80$ m^3。试计算可靠度指标。

解 根据弯矩承载力建立极限状态函数为

$$g(p, W, F_Y) = F_Y Z - \frac{pL}{4} - \frac{WL^2}{8}$$

将 L、Z 代入有

$$g(p, W, F_Y) = 80F_Y - 54P - 5\ 832W$$

$$\beta = \frac{a_0 + \sum\limits_{i=1}^{n} a_i \mu_{x_i}}{\sqrt{\sum\limits_{i=1}^{n} (a_i \sigma_{x_i})^2}} =$$

$$\frac{80 \times 40.3 - 54 \times 10.2 - 5\ 832 \times 0.25}{\sqrt{(80 \times 4.64)^2 + (-54 \times 1.12)^2 + (-5\ 832 \times 0.025)^2}} =$$

$$\frac{1\ 215.2}{403.37} = 3.01$$

实际工程中由于问题复杂,功能函数可能是非线性的,大多数随机变量不服从正态分布。因此,不能直接计算结构的可靠度指标,需要近似的计算方法。

针对非线性功能函数近似方法有:中心点法(一次二阶矩均值可靠度指标)、验算点法、映射变换法和实用分析法等。以上方法统称为二阶矩法,因为计算可靠度指标时,只需随机变量的前一阶矩和二阶矩(当然后三种方法尚需考虑随机变量的分布类型),因此统称为二阶矩方法。对于更复杂的问题或者功能函数复杂,可采用二次二阶矩方法计算可靠度指标,需要了解和掌握该方法的读者可参考有关文献。

中心点法是将非线性函数在随机变量的均值(中心点)处作泰勒级数展开,并保留至一次项,近似计算功能函数的平均值与标准差。可靠度指标直接用功能函数的平均值与标准差表示。

4.5.2   非线性极限状态函数

当功能函数为非线性状态函数时,可利用泰勒级数展开进行线性化处理:

$$g(X_1, X_2, \cdots, X_n) \approx g(x_1^*, x_2^*, \cdots, x_n^*) + \sum_{i=1}^{n} (x_i - x_i^*) \frac{\partial g}{\partial x_i}\bigg|_{(x_1^*, x_2^*, \cdots, x_n^*)}$$

$$(4.32)$$

若在均值点展开,则有

$$z = g(X_1, X_2, \cdots, X_n) \approx g(\mu_{x_1}, \mu_{x_2}, \cdots, \mu_{x_n}) + \sum_{i=1}^{n} (x_i - \mu_{x_i}) \frac{\partial g}{\partial x_i}\bigg|_{均值点}$$

$$(4.33)$$

由于式(4.33)为线性函数(即可写成式(4.30)形式),变量间不相关,则可靠度指标 β 可近似用式(4.31)求解,经过代数运算表示为

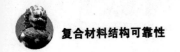

$$
\begin{cases}
\mu_z = g(\mu_{x_1}, \mu_{x_2}, \cdots, \mu_{x_n}) \\
\sigma_z^2 = \sum_{i=1}^{n} \left(\left. \frac{\partial g}{\partial x_i} \right|_{\text{均值点}} \right)^2 \sigma_{x_i}^2
\end{cases}
\tag{4.34}
$$

$$
\beta = \frac{\mu_z}{\sigma_z} = \frac{g(\mu_{x_1}, \mu_{x_2}, \cdots, \mu_{x_n})}{\sqrt{\sum_{i=1}^{n} (a_i \sigma_{x_i})^2}}
\tag{4.35}
$$

式中

$$
a_i = \left. \frac{\partial g}{\partial x_i} \right|_{\text{均值点}}
\tag{4.36}
$$

式(4.36) 定义的可靠度指标称为一次二阶矩均值可靠度指标。

具体含义：一次，用泰勒级数展开的一次项；二阶，只需均值和方差；均值，在均值点展开；这种计算可靠度指标 β 的方法称为中心点法。

例4.2　结构构件的功能函数为 $g = R - S$，其中抗力 R 服从对数正态分布，均值 $\mu_R = 100$ kN/m，变异系数 $\nu_R = 0.12$，载荷效应 S 服从极值 Ⅰ 型分布，均值 $\mu_S = 50$ kN/m，变异系数 $\nu_S = 0.15$，试求结构构件的失效概率。

解

$$
\sigma_R = \mu_R \cdot \nu_R = 100 \times 0.12 = 12
$$
$$
\sigma_S = \mu_S \cdot \nu_S = 50 \times 0.15 = 7.5
$$

结构可靠度指标为

$$
\beta = \frac{\mu_R - \mu_S}{\sqrt{\sigma_R^2 + \sigma_S^2}} = \frac{100 - 50}{\sqrt{12^2 + 7.5^2}} = 3.533
$$
$$
P_f = \Phi(-\beta) = 2.765 \times 10^{-4}
$$

实际的精确解有较大误差，原因是前面提到的不能考虑随机变量的分布类型。下面利用失效概率一般表达式求解较精确的解。

对数正态分布的概率密度函数和概率分布函数分别为

$$
f_R(r) = \frac{1}{\sqrt{2\pi} \, \sigma_{\ln R} r} \exp\left[-\frac{1}{2} \frac{(\ln r - \mu_{\ln R})^2}{\sigma_{\ln R}^2} \right]
$$

$$
F_R(r) = \Phi\left(\frac{\ln r - \mu_{\ln R}}{\sigma_{\ln R}} \right)
$$

式中

$$
\begin{cases}
\mu_{\ln R} = \ln(\mu_R) - \dfrac{1}{2}\sigma_{\ln R}^2 = \ln\left(\dfrac{\mu_R}{\sqrt{1 + \nu_R^2}} \right) \\
\sigma_{\ln R}^2 = \ln(1 + \nu_R^2)
\end{cases}
$$

其中

$$\mu_{\ln R} = \ln\left(\frac{100}{\sqrt{1 + 0.12^2}}\right) = 4.598$$

$$\sigma_{\ln R} = \sqrt{\ln(1 + \nu_R^2)} = \sqrt{\ln(1 + 0.12^2)} = 0.12$$

极值 I 型分布的概率密度函数为

$$f_S(S) = \alpha e^{-e^{-\alpha(S-U)}} \cdot e^{-\alpha(S-U)}$$

式中

$$\begin{cases} \alpha \approx \dfrac{1.282}{\sigma_S} = 0.171 \\ \mu = \mu_S - 0.45\sigma_S = 46.625 \end{cases}$$

失效概率为

$$P_f = \int_0^{+\infty} F_R(q) f_R(q) \, dq =$$

$$\int_0^{+\infty} \Phi\left(\frac{\ln 8 - 4.598}{0.12}\right) \times 0.171 \times e^{-e^{-0.171(8-46.625)}} e^{-0.171(8-46.625)} \, dq =$$

$$5.874 \times 10^{-4}$$

上式不能得到显示的解,而是通过数值积分的方法得到的结果。

例 4.3　混凝土梁,如图 4.9 所示。截面弯矩承载力可用下式计算:

$$M = A_S f_y \left(d - 0.59\frac{A_S f_y}{f_c'b}\right) = A_S f_y d - 0.59\frac{(A_S f_y)^2}{f_c'b}$$

式中,A_S 为钢筋截面面积;f_y 为钢筋屈服应力;f_c' 为压缩强度;b、d 分别为截面宽、高,均为确定值。定义梁的弯曲极限状态函数为

$$g(A_S, f_y, f_c', Q) = A_S f_y d - 0.59\frac{(A_S f_y)^2}{f_c'b} - Q$$

式中,Q 为载荷效应。

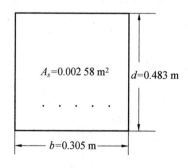

图 4.9　混凝土梁的截面图

变量参数见表 4.1。

表 4.1 变量参数

参数	均值	标准值	λ	σ	v
f_y	303.38×10^6 Pa	275.8×10^6 Pa	1.10	31.85×10^6 Pa	0.105
A_S	2.63×10^{-3} m^2	2.63×10^{-3} m^2	1.02	5.16×10^{-5} m^2	0.2
f'_c	21.51×10^6 Pa	20.685×10^6 Pa	1.04	3.034×10^6 Pa	0.14
Q	2.32×10^5 N·m	2.44×10^5 N·m	0.95	2.78×10^4 N·m	0.12

注：λ 为偏差系数，λ = 均值 / 标准值。

试求可靠度指标 β。

解　由于功能函数为非线性函数，需要进行泰勒级数展开：

$$g(A_S, f_y, f'_c, a) \approx \left[\mu_{A_S} \mu_{f_y} d - 0.59 \frac{(\mu_{A_S} \mu_{f_y})^2}{\mu_{f'_c} b} - \mu_Q \right] + (A_S - \mu_{A_S}) \frac{\partial g}{\partial A_S} \bigg|_{\text{均值点}} +$$

$$(f_y - \mu_{f_y}) \frac{\partial g}{\partial f_y} \bigg|_{\text{均值点}} + (f'_c - \mu_{f'_c}) \frac{\partial g}{\partial f'_c} \bigg|_{\text{均值点}} +$$

$$(Q - \mu_Q) \frac{\partial g}{\partial Q} \bigg|_{\text{均值点}}$$

在均值处求解：

$$g(\mu_{A_S}, \mu_{f_y}, \mu_{f'_c}, \mu_Q) = \mu_{A_S} \cdot \mu_{f_y} \cdot d - 0.59 \frac{(\mu_{A_S} \cdot \mu_{f_y})^2}{\mu_{f'_c} b} - \mu_Q = 9.62 \times 10^4 \text{ N·m}$$

$$a_1 = \frac{\partial g}{\partial A_S} \bigg|_{\text{均值点}} = \left[f_y d - 0.59 \frac{(2 A_s f_y^2)}{\mu_{f'_c} b} \right] \bigg|_{\text{均值点}} = 1.03 \times 10^8 \text{ N/m}$$

$$a_2 = \frac{\partial g}{\partial f_y} \bigg|_{\text{均值点}} = \left[A_s d - 0.59 \frac{(2 f_y A_S^2)}{f'_c b} \right] \bigg|_{\text{均值点}} = 8.97 \times 10^{-4} \text{ m}^3$$

$$a_3 = \frac{\partial g}{\partial f'_b} \bigg|_{\text{均值点}} = 0.59 \frac{(A_s f_y)^2}{(f'_c)^2 b} \bigg|_{\text{均值点}} = 2.67 \times 10^{-3} \text{ m}^3$$

$$a_4 = \frac{\partial g}{\partial Q} \bigg|_{\text{均值点}} = -1 \bigg|_{\text{均值点}} = -1$$

$$\beta = \frac{g(\mu_{x_1}, \mu_{x_2}, \cdots, \mu_{x_n})}{\sqrt{\sum_{i=1}^{n} (a_i \sigma_{x_i})}} \quad \left(a_i = \frac{\partial f}{\partial x_i} \bigg|_{\text{均值点}} \right)$$

即

$$\beta = \frac{g(\mu_{A_S}, \mu_{f_y}, \mu_{f'_c}, \mu_Q)}{\sqrt{[a_1 \sigma_{A_S}]^2 + [a_2 \sigma_{f_y}]^2 + [a_3 \sigma_{f'_c}]^2 + [a_4 \mu_Q]^2}} = 2.35$$

4.5.3　一次二阶矩均值可靠度指标讨论

一次二阶矩均值可靠度指标(中心点法) 缺点如下：

① 不能考虑随机变量的分布概率类型,只能直接取一阶矩和二阶矩。

② 在均值处展开不合理,因均值不在极限状态曲面上,导致近似结果不准确。

③ 对有相同力学含义,但数学表达式不同的极限状态方程,求得的结构可靠度指标不同。

由于精度较低,中心点法一般常用于结构可靠度不高的情况,如失效概率大于 10^{-3}。此时,结构失效概率对随机变量的分布类型不敏感,可直接假设服从正态分布来计算可靠度指标 β,避免迭代计算的麻烦。由于非线性极限状态函数在随机变量的平均值处展开不合理,导致近似函数值不在极限状态曲面上,展开后的线性极限状态曲面可能会较大程度地偏离原来的极限状态曲面,这些问题将在后面章节通过迭代法解决。

如下为力学含义相同但数学表达式不同从而得到不同可靠度指标的例子。

例 4.4　某一钢梁屈服应力为 F_y,截面惯性矩为 Z,p 为集中力,L 为长度。假设 4 个变量互不相关,均值和方差分别为

$$\{\mu_x\} = \begin{Bmatrix} \mu_P \\ \mu_L \\ \mu_z \\ \mu_{F_y} \end{Bmatrix} = \begin{Bmatrix} 10 \ \text{kN} \\ 8 \ \text{m} \\ 100 \times 10^{-6} \ \text{m}^3 \\ 600 \times 10^3 \ \text{kN/m}^2 \end{Bmatrix} \tag{4.37}$$

$$\{C_x\} = \begin{Bmatrix} 4 \ \text{kN}^2 & 0 & 0 & 0 \\ 0 & 10 \times 10^{-3} \ \text{m}^2 & 0 & 0 \\ 0 & 0 & 400 \times 10^{-12} \ \text{m}^6 & 0 \\ 0 & 0 & 0 & 10 \times 10^9 (\text{kN/m}^2)^2 \end{Bmatrix}$$

$$\tag{4.38}$$

根据弯矩可定义极限状态函数为

$$g_1(Z, F_y, p, L) = ZF_y - \frac{pL}{4} \tag{4.39}$$

若根据应力(式(4.39) 除非 0 的 Z) 定义极限状态函数为

$$g_2(Z, F_y, p, L) = \frac{ZF_y - \dfrac{pL}{4}}{Z} = \frac{g_1}{Z} \tag{4.40}$$

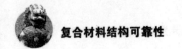

试分别计算相应的 β 值。

解 两个方程都为非线性方法,利用中心点法来近似求解。由式(4.30)可得

$$g_1 = \left[\mu_z \mu_{F_y} - \frac{\mu_p \mu_L}{4} \right] + \mu_{F_y}(Z - \mu_z) + \mu_z(F_y - \mu_{F_y}) -$$

$$\frac{\mu_L}{4}(p - \mu_p) - \frac{\mu_p}{4}(L - \mu_L)$$

由式(4.31)得,$\beta = 2.48$。

$$g_2 \approx \left[\mu_{F_y} - \frac{\mu_p \mu_L}{4\mu_z^2} \right] = \frac{\mu_p \mu_L}{4\mu_z^2}(Z - \mu_z) + (1)(F_y - \mu_{F_y}) -$$

$$\frac{\mu_L}{4\mu_z}(p - \mu_p) - \frac{\mu_p}{4\mu_z}(L - \mu_L)$$

由式(4.31)得,$\beta = 3.48$。

可见,同一问题不同数学表达式得到的可靠度指标不同。

4.6 结构可靠度指标与中心安全系数的关系

传统的设计原则是抗力不小于载荷效应,其安全度通过引入安全系数来保证。用平均值表述的单一平均安全系数 k_0,称为中心安全系数:

$$k_0 = \frac{抗力平均值}{载荷效应均值} = \frac{\mu_R}{\mu_Q} \tag{4.41}$$

可靠度指标和安全系数的关系如下:

$$\beta = \frac{\mu_R - \mu_Q}{\sqrt{\sigma_R^2 + \sigma_Q^2}} = \frac{\dfrac{\mu_R}{\mu_Q} - 1}{\sqrt{\dfrac{\sigma_R^2}{\mu_Q^2} + \dfrac{\sigma_Q^2}{\mu_Q^2}}} = \frac{\dfrac{\mu_R}{\mu_Q} - 1}{\sqrt{\left(\dfrac{\mu_R}{\mu_Q}\right)^2 \left(\dfrac{\sigma_R}{\mu_R}\right)^2 + \left(\dfrac{\sigma_Q}{\mu_Q}\right)^2}} =$$

$$\frac{\dfrac{\mu_R}{\mu_Q} - 1}{\sqrt{k_0^2 V_R^2 + V_Q^2}} = \frac{k_0 - 1}{\sqrt{k_0^2 V_R^2 + V_Q^2}} \tag{4.42}$$

说明:β 与 V_R、V_Q 有关;k_0 只与均值有关。说明对于相同的 k_0,若变异系数不同就会给出不同的可靠度指标 β,式(4.42)求逆可得

$$k_0 = \frac{1 + \beta\sqrt{V_R^2 + V_Q^2 - \beta V_R^2 V_Q^2}}{1 - \beta V_R^2} \tag{4.43}$$

中心安全系数 k_0 暴露了两个问题：

（1）只考虑了一阶矩（均值），而没有考虑二阶矩（变异系数），即没有考虑 R、Q 的离散程度影响。

（2）中心安全系数 k_0 没有概率的含义，也不能用概率反映结构的可靠度，这正是结构可靠度理论研究的意义。

4.7　验算点法（JC 法）

中心点法是针对非线性极限状态方程提出来的，由于其计算精度不够，有一定误差，因此后续有学者提出了验算点法。验算点法是国际结构安全度联合委员会（JCSS）推荐的方法，因此也称为 JC 法。本节对几种特殊的情况进行说明。

4.7.1　两个正态随机变量情况

若极限状态方程 $g(R,Q) = R - Q$，式中 R、Q 相互独立并服从正态分布。在 ORQ 坐标系中，极限状态方程为直线，倾角为 $45°$。

可靠度指标定义中，β 的定义为标准化坐标空间中的原点到极限状态曲线的最短距离。

标准化坐标系中 $\overline{OR}\,\overline{Q}$，极限状态函数化为
$$g(\overline{R},\overline{Q}) = \overline{R}\sigma_R + \mu_R - (\overline{Q}\sigma_Q + \mu_Q)$$
其中
$$\overline{Q} = \frac{Q - \mu_Q}{\sigma_Q}, \quad \overline{R} = \frac{R - \mu_R}{\sigma_R} \tag{4.44}$$
极限状态方程为
$$(\overline{R}\sigma_R + \mu_R) - (\overline{Q}\sigma_Q + \mu_Q) = 0 \tag{4.45}$$
设 A 点坐标为 $(\overline{Q}_A, 0)$，B 点坐标为 $(0, \overline{R}_B)$，代入式（4.45）可得
$$\begin{cases} \overline{Q}_A = \dfrac{\mu_R - \mu_Q}{\sigma_Q} \\[2mm] \overline{R}_B = \dfrac{\mu_R - \mu_Q}{\sigma_R} \end{cases}$$

$$\begin{cases} |\overline{OA}| = \dfrac{\mu_R - \mu_Q}{\sigma_Q} \\[2mm] |\overline{OB}| = \dfrac{\mu_R - \mu_Q}{\sigma_R} \end{cases} \tag{4.46}$$

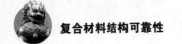

标准化坐标系中方向余弦为

$$
\begin{cases}
\cos \theta_R = \dfrac{-|\overline{OP}^*|}{|\overline{OB}|} = \dfrac{-|\overline{OA}|}{|AB|} = \dfrac{-\sigma_R}{\sqrt{\sigma_R^2 + \sigma_Q^2}} \\[4mm]
\cos \theta_Q = \dfrac{|\overline{OP}^*|}{|\overline{OA}|} = \dfrac{|\overline{OB}|}{|AB|} = \dfrac{\sigma_Q}{\sqrt{\sigma_R^2 + \sigma_Q^2}}
\end{cases}
\tag{4.47}
$$

标准正态坐标系中原点到极限状态的距离 β 为

$$
\beta = |\overline{OP}^*| = \frac{\mu_R - \mu_Q}{\sqrt{\sigma_R^2 + \sigma_Q^2}}
\tag{4.48}
$$

β 为坐标系 $\overline{ROQ}$ 中原点 $\overline{O}$ 到极限状态直线的距离，P^* 为垂足，称为"设计验算点"。

由上述可知，P^* 的坐标 Q^*、R^* 分别为

$$
\begin{cases}
\overline{R}^* = |\overline{OP}^*| \cos \theta_R = \beta \cos \theta_R \\[2mm]
\overline{Q}^* = |\overline{OP}^*| \cos \theta_Q = \beta \cos \theta_Q
\end{cases}
\tag{4.49}
$$

显然，方向余弦有下列关系：

$$
\cos^2 \theta_R + \cos^2 \theta_Q = \frac{\sigma_Q^2}{\sigma_R^2 + \sigma_Q^2} + \frac{\sigma_R^2}{\sigma_R^2 + \sigma_Q^2} = 1
\tag{4.50}
$$

所以 P^* 在原 OQR 中的坐标为

$$
\begin{cases}
Q^* = \overline{Q}^* \sigma_Q + \mu_Q = \beta \cos \theta_Q \sigma_Q + \mu_Q \\[2mm]
R^* = \overline{R}^* \sigma_R + \mu_R = \beta \cos \theta_R \sigma_R + \mu_R
\end{cases}
\tag{4.51}
$$

若已知 μ_R、μ_Q、σ_R、σ_Q 则可求出 β，以及验算点设计值 Q^*、R^*。

4.7.2　多个正态随机变量情况

结构的极限状态方程往往由两个以上的变量组成，则有一般形式 $g(X_1, X_2, \cdots, X_n) = 0$，其中 $X_1, X_2, \cdots, X_n$ 是相互独立的正态随机变量。

此方程为线性，也可能为非线性，表示为坐标系 $O, X_1, X_2, \cdots, X_n$ 中的一个曲面，这个曲面把 n 维空间分成安全和失效两个区域。

引入标准化随机变量：

$$
\overline{X}_i = \frac{x_i - \mu_{x_i}}{\sigma_{x_i}} \quad (i = 1, 2, \cdots, n)
\tag{4.52}
$$

则原极限状态方程在标准化坐标系中表示为

$$
Z = g(\overline{X}_1 \sigma_{X_1} + \mu_{X_1}, \overline{X}_2 \sigma_{X_2} + \mu_{X_2}, \cdots, \overline{X}_n \sigma_{X_n} + \mu_{X_n}) = 0
\tag{4.53}
$$

此时，可靠度指标 β 为标准正态坐标系 $\overline{X}_1, \overline{X}_2, \cdots, \overline{X}_n$ 中原点 $\overline{O}$ 到极限状态曲面的最短距离，也是 P^* 点沿着某极限状态曲面的切平面的法线方向至原点 $\overline{O}$ 的

长度(P^* 为验算点)。

类似于两个正态随机变量的余弦,方向余弦为

$$\cos \theta_{X_i} = \frac{-\left.\frac{\partial g}{\partial X_i}\right|_{P^*} \sigma_{X_i}}{\left[\sum_{i=1}^n \left(-\left.\frac{\partial g}{\partial X_i}\right|_{P^*} \sigma_{X_i}\right)^2\right]^{\frac{1}{2}}} \tag{4.54}$$

式中,$\left.\dfrac{\partial g}{\partial X_i}\right|_{P^*}$ 为函数 $g(X_1, X_2, \cdots, X_n)$ 对 X_i 的偏导数,在 P^* 点有

$$\sum_{i=1}^n \cos^2 \theta_{X_i} = 4$$

由方向余弦的定义有

$$\bar{X}_1^* = \beta \cos \theta_{X_i} \tag{4.55}$$

即

$$\bar{x}_i^* = \frac{x_i^* - \mu_{x_i}}{\sigma_{x_i}} \tag{4.56}$$

$$X_i^* = \mu_{X_i} + \sigma_{X_i} \beta \cos \theta_{X_i} \quad (i = 1, 2, \cdots, n) \tag{4.57}$$

因为 P^* 点是某极限状态曲面上的一点,则

$$g(X_1^*, X_2^*, \cdots, X_n^*) = 0 \tag{4.58}$$

式(4.54) ~ (4.57) 联立,即可求解 β 及 $X_i^*(i = 1, 2, \cdots, n)$。

例 4.5　如果 $Z = g(R, G, Q) = R - G - Q = 0$,且 R、G、Q 服从正态分布,试给出验算点坐标和可靠度指标的表达式。

解　由式(4.54) 得到

$$-\left.\frac{\partial g}{\partial R}\right|_{P^*} \sigma_R = -\sigma_R, \quad -\left.\frac{\partial g}{\partial Q}\right|_{P^*} \sigma_Q = \sigma_Q, \quad -\left.\frac{\partial g}{\partial G}\right|_{P^*} \sigma_G = \sigma_G$$

方向余弦为

$$\cos \theta_R = \frac{-\sigma_R}{\sqrt{\sigma_R^2 + \sigma_Q^2 + \sigma_G^2}}$$

$$\cos \theta_G = \frac{\sigma_G}{\sqrt{\sigma_R^2 + \sigma_Q^2 + \sigma_G^2}}$$

$$\cos \theta_Q = \frac{\sigma_Q}{\sqrt{\sigma_R^2 + \sigma_Q^2 + \sigma_G^2}}$$

得验算点在原坐标系中的坐标为

$$R^* = \mu_R + \sigma_R \beta \cos \theta_R$$

$$G^* = \mu_G + \sigma_G \beta \cos \theta_G$$

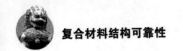

$$Q^* = \mu_Q + \sigma_Q \beta \cos \theta_Q$$

将 R^*、G^*、Q^* 代入 $g = 0$ 有 $R^* - G^* - Q^* = 0$,从而得

$$\mu_R - \mu_G - \mu_Q - \beta \frac{\sigma_R{}^2 + \sigma_Q{}^2 + \sigma_G{}^2}{\sqrt{\sigma_R{}^2 + \sigma_Q{}^2 + \sigma_G{}^2}} = 0$$

$$\beta = \frac{\mu_R - \mu_G - \mu_Q}{\sqrt{\sigma_R{}^2 + \sigma_Q{}^2 + \sigma_G{}^2}}$$

4.7.3　对数正态分布的验算点法

当极限状态方程 $g = R - Q = 0$ 中的随机变量 R、Q 服从对数正态分布时,令 $X_1 = \ln R, X_2 = \ln Q$,服从正态分布,将 $R = \exp(X_1), Q = \exp(X_2)$ 代入 $g = R - Q$ 中,可得

$$g_1 = \exp(X_1) - \exp(X_2) = 0$$

极限状态方程 g_1 为非线性方程,但 X_1、X_2 服从正态分布。

由式(4.54)可得

$$\begin{cases} -\left.\dfrac{\partial g_1}{\partial X_1}\right|_{P*} \sigma_{X_1} = -R^* \sigma_{\ln R} \\[2mm] -\left.\dfrac{\partial g_1}{\partial X_2}\right|_{P*} \sigma_{X_2} = Q^* \sigma_{\ln Q} \end{cases} \tag{4.59}$$

又 $R^* - Q^* = 0$,即 $R^* = Q^*$,有

$$\begin{cases} \cos \theta_{X_1} = \dfrac{-R^* \sigma_{\ln R}}{\sqrt{(-R^* \sigma_{\ln R})^2 + (-Q^* \sigma_{\ln Q})^2}} \\[4mm] \cos \theta_{X_2} = \dfrac{Q^* \sigma_{\ln Q}}{\sqrt{(-R^* \sigma_{\ln R})^2 + (-Q^* \sigma_{\ln Q})^2}} \end{cases} \tag{4.60}$$

$$\begin{cases} X_1^* = \mu_{X_1} + \sigma_{X_1} \beta \cos \theta_{X_1} \\[2mm] X_2^* = \mu_{X_2} + \sigma_{X_2} \beta \cos \theta_{X_2} \end{cases} \tag{4.61}$$

代入极限状态方程 $R - Q = 0$ 中有

$$\mu_{X_1} + \sigma_{X_1} \beta \cos \theta_{X_1} - \mu_{X_2} - \sigma_{X_2} \beta \cos \theta_{X_2} = 0 \tag{4.62}$$

将 $\mu_{X_1} = \mu_{\ln R}, \mu_{X_2} = \mu_{\ln Q}, \sigma_{X_1} = \sigma_{\ln R}, \sigma_{X_2} = \sigma_{\ln Q}$ 以 $\cos \theta_{X_1}$、$\cos \theta_{X_2}$ 代入,则有

$$\beta = \frac{\mu_{\ln R} - \mu_{\ln Q}}{\sqrt{\sigma_{\ln R}{}^2 + \sigma_{\ln Q}{}^2}} \tag{4.63}$$

$$R^* = \exp(X_1^*), \quad Q^* = \exp(X_2^*) \tag{4.64}$$

总之,要将所给变量做一定变换,使其服从正态分布,构成极限状态函数的

变量都服从正态分布,再用验算点法求解。

例4.6　已知极限状态方程 $Z = g(f,w) = fw - 1\,140 = 0$, f、w 均为正态分布, $\mu_f = 38$, $V_f = 0.1$, $\mu_w = 54$, $V_w = 0.05$, 求 β 及 f、w 的验算点值 f^*、w^*。

解
$$\sigma_f = \mu_f V_f = 38 \times 0.1 = 3.8$$
$$\sigma_w = \mu_w V_w = 2.7$$

且
$$-\frac{\partial g}{\partial f}\bigg|_{P*} \sigma_f = -3.8w^*$$
$$-\frac{\partial g}{\partial w}\bigg|_{P*} \sigma_w = -2.7f^*$$

$$\cos\theta_f = \frac{-3.8w^*}{\sqrt{(-3.8w^*)^2 + (-2.7f^*)^2}}$$
$$\cos\theta_w = \frac{-2.7f^*}{\sqrt{(-3.8w^*)^2 + (-2.7f^*)^2}}$$

验算点坐标为
$$\begin{cases} f^* = \mu_f + \sigma_f\beta\cos\theta_f \\ w^* = \mu_w + \sigma_w\beta\cos\theta_w \end{cases}$$

代入 $Z = f^*w^* - 1\,140 = 0$, 有
$$10.26\beta^2\cos\theta_f\cos\theta_w + \beta(205.2\cos\theta_f + 102.6\cos\theta_w) + 912 = 0$$

即
$$\beta^2\cos\theta_f\cos\theta_w + \beta(20\cos\theta_f + 10\cos\theta_w) + 88.9 = 0$$

若要通过上式求 β, 则需要知道 $\cos\theta_f$、$\cos\theta_w$, 而这些值又与 f^*、w^* 有关, 且在 f^*、w^* 中又有 β 项, 因此需要用迭代法求解 β。

第一次迭代:

取 $f^* = \mu_f = 38$, $w^* = \mu_w = 54$(均值), 有
$$\cos\theta_f = \frac{-3.8 \times 54}{\sqrt{(-3.8 \times 54)^2 + (-2.7 \times 38)^2}} = \frac{-2}{\sqrt{5}} = -0.894\,4$$
$$\cos\theta_w = \frac{-2.7 \times 38}{\sqrt{(-3.8 \times 54)^2 + (-2.7 \times 38)^2}} = \frac{-1}{\sqrt{5}} = -0.447\,2$$

将 $\cos\theta_f$、$\cos\theta_w$ 代入可得
$$\beta^2 - 55.9\beta + 222.2 = 0$$

解得
$$\beta = 4.307$$

第二次迭代:

利用第一次迭代得到的 β 有

$$f^* = 38 + 3.8\beta\cos\theta_f = 38 + 3.8 \times 4.307 \times 0.894\ 4 = 23.26$$

$$w^* = 54 + 2.7\beta\cos\theta_w = 48.80$$

可得

$$\cos\theta_f = \frac{-3.8 \times 48.8}{\sqrt{(2.7 \times 23.26)^2 + (3.8 \times 48.8)^2}} = -0.946\ 7$$

$$\cos\theta_w = -0.322$$

校核方向余弦平方和等于 1。

代入可得

$$\beta^2 - 72.67\beta + 291.65 = 0$$

解得

$$\beta = 4.261\ 8。$$

第三次迭代:

由 $\beta = 4.216\ 8$ 得

$$f^* = 22.67, w^* = 50.29$$

$$\cos\theta_f = -0.952\ 4, \quad \cos\theta_w = -0.304\ 9$$

从而得

$$\beta = 4.262\ 7$$

分析:β 与第二次迭代值 $\beta = 4.261\ 8$ 相差 $0.000\ 9$,已经满足设计要求。此时验算点 p^* 的坐标 f^* 和 w^* 分别为 $f^* = 22.57, w^* = 50.49$。

为方便比较,给出中心点法结果如下:

对于 $z = g(f,w) = fw - 1\ 140$,有

$$\sigma_z^2 = \left[\left(\frac{\partial g}{\partial f}\right)\bigg|_{均值点}\sigma_f\right]^2 + \left[\left(\frac{\partial g}{\partial w}\right)\bigg|_{均值点}\sigma_w\right]^2 = $$

$$(54 \times 3.8)^2 + (38 \times 2.7)^2 = 52\ 633.8$$

得

$$\sigma_z = 229.42$$

$$\mu_z = \mu_f\mu_w - 1\ 140 = 38 \times 54 - 1\ 140 = 912$$

$$\beta = \frac{\mu_z}{\sigma_z} = \frac{912}{229.42} = 3.98$$

$$\frac{\beta_{中心点}}{\beta_{验算点}} = \frac{3.98}{4.262\ 7} = 0.934$$

例 4.7 受永久载荷一钢梁,极限状态方程 $g(w,f,M) = wf - M = 0$,已知弯矩 M 为正态分布,$\mu_M = 130\ 000$,$V_M = 0.07$,截面矩 w 服从正态分布,$\mu_w = 54.72$,$V_w = 0.05$,钢材强度 f 服从正态分布,$\mu_f = 3\ 800$,$V_f = 0.08$,求钢梁的失效概率 P_f。

解 计算各变量均值和标准差：

$$\sigma_M = \mu_M \cdot V_M = 130\ 000 \times 0.07 = 9\ 100$$

同理得 $\sigma_w = 2.74$；$\sigma_f = 304$。

先求

$$-\frac{\partial g}{\partial w}\bigg|_{P^*}\sigma_w = -2.74f^*, \qquad -\frac{\partial g}{\partial f}\bigg|_{P^*}\sigma_f = -304w^*, \qquad -\frac{\partial g}{\partial M}\bigg|_{P^*}\sigma_M = 9\ 100$$

将上式代入 $\cos\theta_{x_i}$ 中有

$$\cos\theta_w = \frac{-2.74f^*}{\sqrt{(2.74f^*)^2 + (304w^*)^2 + 9\ 100^2}}$$

$$\cos\theta_f = \frac{-304f^*}{\sqrt{(2.74f^*)^2 + (304w^*)^2 + 9\ 100^2}}$$

$$\cos\theta_M = \frac{9\ 100}{\sqrt{(2.74f^*)^2 + (304w^*)^2 + 9\ 100^2}}$$

整理分别有

$$w^* = \mu_w + \sigma_w\beta\cos\theta_w = 54.72 + 2.74\cos\theta_w \cdot \beta$$

$$f^* = \mu_f + \sigma_f\beta\cos\theta_f = 3\ 800 + 304\cos\theta_f \cdot \beta$$

$$M^* = \mu_M + \sigma_M\beta\cos\theta_M = 130\ 000 + 9\ 100\cos\theta_M \cdot \beta$$

将 f^*、w^*、M^* 代入 $w^*f^* - M^* = 0$ 中，假定 w^*、f^* 的初值为均值，经过三次迭代后解得验算点处 $w^* = 50.51$，$f^* = 2\ 892.33$，$M^* = 146\ 082.72$，$\beta = 3.8$，相应的失效概率 $P_f = \Phi(-\beta) = 7.24 \times 10^{-5}$。

与中心点法比较：

$$Z = g(w, f, M) = fw - M$$

$$\sqrt{\sum_{i=1}^{n}\left(\frac{\partial g}{\partial x_i}\bigg|_{\text{均值点}}\sigma_{x_i}\right)^2} = \sigma_Z = \sqrt{(2.74 \times 3\ 800)^2 + (304 \times 54.72)^2 + 9\ 100^2} = $$

$$21\ 632$$

$$g(\mu_{x_i}) = \mu_Z = 3\ 800 \times 54.72 - 130\ 000 = 77\ 936$$

$$\beta = \frac{\mu_Z}{\sigma_Z} = \frac{77\ 936}{21\ 632} = 3.6$$

$$\frac{\beta_{\text{中心点}}}{\beta_{\text{验算点}}} = \frac{3.6}{3.8} = 0.947$$

$$P_f = 1.59 \times 10^{-4}$$

JC 法与后续（Hasofer – Lind 指标）的矩阵法相比，有如下不同：

①求解过程和计算思路略有不同，但本质相同。

②JC 法中假设 n 个初值，而矩阵法中先假设其中的 $(n-1)$ 个值，没有特定要

求可先取均值,主要目的是求出 $\cos\theta_{x_i}$。矩阵法主要利用 x_i^* 求 Z_i^*,再求 β、α;而 JC 法中没有用到 Z_i^*,只是利用 β、$\cos\theta_{x_i}$ 表示 x_i^*,代入 $g(x_i^*)=0$ 中求解关于 β 的一元多次方程。

③JC 法在本节中要求为正态分布,而 Hasofer – Lind 的矩阵法中没有此要求。

4.8　哈索弗 – 林德可靠度指标

哈索弗 – 林德可靠度指标是 1974 年由哈索弗 – 林德(Hasofer – Lind)提出的,其中包含一个"设计点"的概念,设计点是极限状态曲面上的一点,满足 $g=0$,由于设计点一般是未知的,因此需用迭代技术来计算可靠度指标。该方法的特点是不知分布类型,但需要已知均值和方差等信息。

鉴于之前存在"相同力学含义,但数学表达式不同的极限状态方程,可靠度指标不同"的问题,通过该方法的改进,使设计点在极限状态曲面上展开,而不在均值点展开。

求解过程:考虑一极限状态函数 $g(X_1,X_2,\cdots,X_n)$,其中 X_i 为随机变量,而且互不相关(如相关,要进行变换,得到不相关变量),计算中要将极限状态函数中的变量写成标准化形式,利用下式标准化:

$$Z_i = \frac{X_i - \mu_{X_i}}{\sigma_{X_i}} \tag{4.65}$$

如果极限状态函数为线性,同以往的可靠度指标一样,仍可用式(4.54)求解。如果极限状态函数为非线性,则需要迭代求得设计点 $\{Z_1^*,Z_2^*,\cdots,Z_n^*\}$,其中 z_i^* 为在标准正态变量坐标系下的验算点坐标,满足方程:

$$g(z_1^*,z_2^*,\cdots,z_n^*)=0$$

而 β 仍是标准化坐标系原点到极限状态曲面的最短距离,此时需求解 $2n+1$ 个方程,求 $2n+1$ 个未知数。

$$\alpha_i = \frac{-\left.\dfrac{\partial g}{\partial Z_i}\right|_{\text{设计点}}}{\sqrt{\sum_{i=1}^{n}\left(\left.\dfrac{\partial g}{\partial Z_i}\right|_{\text{设计点}}\right)^2}} \tag{4.66a}$$

$$\frac{\partial g}{\partial Z_i} = \frac{\partial g}{\partial X_i}\frac{\partial X_i}{\partial Z_i} = \frac{\partial g}{\partial X_i}\sigma_{X_i} \tag{4.66b}$$

$$\sum_{i=1}^{n} \alpha_i^2 = 1 \tag{4.66c}$$

$$z_i^* = \beta\alpha_i \tag{4.66d}$$

有两种求解迭代方法:齐次方程法和矩阵法。

(1)齐次方程方法。

步骤如下:

① 列出极限状态函数,包括各随机变量参数值(均值和方差)。

② 将极限状态函数表达成标准化变量 Z_i 的形式。

③ 用式 $Z_i^* = \beta\alpha_i$ 来表达极限状态函数 $g(Z_1, Z_2, \cdots, Z_n) = 0$。

④ 计算 n 个 α_i 的值,用 $Z_i^* = \beta\alpha_i$ 将每一个 α_i 表示为所有 α_i 和 β 的函数形式。

⑤ 进行首次循环:假设 β、α_i 的值,但 α_i 满足 $\sum_{i=1}^{n}(\alpha_i^2) = 1$。

⑥ 将这些值代入步骤 ③、④ 形成的方程右端。

⑦ 求解 $n + 1$ 个齐次方程,解得 (β, α_i)。

⑧ 回到步骤 ⑥ 进行迭代,直到 β 和 α_i 收敛。

(2)矩阵方法。

步骤如下:

① 构造极限状态函数,确定随机变量参数(均值、方差)。

② 假设 $n - 1$ 个变量的初值,获取设计点的初始 $\{x_i^*\}$ 值,均值常是一个合理的选择,求解极限状态方程 $g = 0$,得到最后一个设计点值,这样做是为了确保设计点在极限状态曲面上。

③ 计算设计点 $\{x_i^*\}$ 的标准化变量 $\{Z_i^*\}$

$$z_i^* = \frac{x_i^* - \mu_{x_i}}{\sigma_{x_i}}$$

④ 计算极限状态函数关于标准化变量的偏导数,方便起见,定义一个列向量 $\{G\}$:

$$\{G\} = \begin{Bmatrix} G_1 \\ G_2 \\ \vdots \\ G_n \end{Bmatrix}$$

式中

$$G_i = -\frac{\partial g}{\partial Z_i}\bigg|_{\text{设计点}}$$

⑤ 利用下式估计 β 的值:

$$\beta = \frac{\{G\}^{\text{T}}\{z^*\}}{\sqrt{\{G\}^{\text{T}}\{G\}}}$$

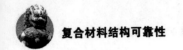
式中
$$\{z^*\} = \begin{Bmatrix} z_1^* \\ z_2^* \\ \vdots \\ z_n^* \end{Bmatrix}$$

⑥ 计算方向余弦的列向量$\{\alpha\}$

$$\{\alpha\} = \frac{\{G\}}{\sqrt{\{G\}^{\mathrm{T}}\{G\}}}$$

⑦ 利用$z_i^* = \alpha_i\beta$得到新的$n-1$个设计点值。

⑧ 确定相应的原始坐标系中的$n-1$个设计点值。

$$x_i^* = \mu_{x_i} + z_i^* \sigma_{x_i}$$

⑨ 利用极限状态方程$g = 0$,确定其余的随机变量的值(在步骤⑦、⑧中未出现的),这里为最后一个设计点的值。

⑩ 重复步骤③ ~ ⑨,直到β和设计点$\{x_i^*\}$收敛。

总结:矩阵法与齐次方程法的不同在于$\{G\}$与之前的α_i不同,相当于α_i的分子部分,主要不同在于假设的初值是原坐标系中的$n-1$个设计点的均值坐标而非齐次方程法中的α_i及β值。与之前的验算点法也不同,验算点法假设$\{x_i^*\}$值,得到关于β方程并直接求解。

例4.8 对某三跨连续梁计算哈索弗 – 林德可靠度指标。

随机变量有:分布载荷W、跨距L、弹性模量E、惯性矩I,极限状态考虑为挠度控制,规定允许挠度为$L/360$,最大变形为$0.006\,9WL^4/EI$,它发生在距任一末端$0.446L$处。极限状态函数为

$$g(W,L,E,I) = \frac{L}{360} - 0.006\,9\frac{WL^4}{EI}$$

均值和方差见表4.2。

表4.2 均值和方差

变量	均值	标准差
W	15 kN/m	0.2 kN/m
L	5 m	0
E	2×10^7 kN/m^2	0.5×10^7 kN/m^2
I	8×10^{-4} m^4	1.5×10^{-4} m^4

解法1 齐次方程法:

① 将g表达成将准化变量形式(这里L为确定变量),首先代入,得$g = 0$,有

$$\frac{5}{360} - 0.006\,9\frac{W(5)^4}{EI} = 0$$

得

$$EI - 310.5W = 0$$

定义标准化变量

$$Z_I = \frac{I - \mu_I}{\sigma_I}, \quad Z_E = \frac{E - \mu_E}{\sigma_E}, \quad Z_W = \frac{W - \mu_W}{\sigma_W}$$

$$I = \mu_I Z_I \sigma_I, \quad E = \mu_E + Z_E \sigma_E, \quad W = \mu_W + Z_W \sigma_W$$

② 代入 $g = 0$，即 $EI - 310.5W = 0$，得

$$(\mu_E + Z_E \sigma_E)(\mu_I + Z_I \sigma_I) - 310.5(\mu_W + Z_W \sigma_W) = 0$$

$$[2 \times 10^7 + Z_E(0.5 \times 10^7)][8 \times 10^{-4} + Z_I(1.5 \times 10^{-4})] -$$

$$310.5[10 + Z_W(0.2)] = 0$$

$$3\ 000 Z_I + 4\ 000 Z_E + 750 Z_I Z_E - (62.1)Z_W + 11\ 342.5 = 0$$

③ 利用 $\beta \alpha_i$ 表示 Z_i^*，将 $Z_i^* = \beta \alpha_i$ 代入上式有

$$3\ 000 \beta \alpha_I + 4\ 000 \beta \alpha_E + 750 \beta^2 \alpha_I \alpha_E - 62.1 \beta \alpha_W + 11\ 342.5 = 0$$

$$\beta = \frac{-11\ 342.5}{3\ 000 \alpha_I + 4\ 000 \alpha_I + 750 \beta \alpha_I \alpha_E - 62.1 \beta \alpha_W}$$

④ 计算 α_i 值，表达成关于 $\beta \alpha_i$ 的方程：

$$\begin{cases}
\alpha_I = \dfrac{-\dfrac{\partial g}{\partial Z_I}\Big|_{\text{设计点}}}{\sqrt{\sum\limits_{K=1}^{n}\left(\dfrac{\partial g}{\partial Z_k}\Big|_{\text{设计点}}\right)^2}} = \\[4em]
\qquad \dfrac{-(3\ 000 + 750 \beta \alpha_E)}{\sqrt{(3\ 000 + 750 \beta \alpha_E)^2 + (4\ 000 + 750 \beta \alpha_I)^2 + (-62.1)^2}} \\[3em]
\alpha_E = \dfrac{-\dfrac{\partial g}{\partial Z_E}\Big|_{\text{设计点}}}{\sqrt{\sum\limits_{K=1}^{n}\left(\dfrac{\partial g}{\partial Z_k}\Big|_{\text{设计点}}\right)^2}} = \\[4em]
\qquad \dfrac{-(4\ 000 + 750 \beta \alpha_I)}{\sqrt{(3\ 000 + 750 \beta \alpha_E)^2 + (4\ 000 + 750 \beta \alpha_I)^2 + (-62.1)^2}} \\[3em]
\alpha_W = \dfrac{-\dfrac{\partial g}{\partial Z_W}\Big|_{\text{设计点}}}{\sqrt{\sum\limits_{K=1}^{n}\left(\dfrac{\partial g}{\partial Z_k}\Big|_{\text{设计点}}\right)^2}} = \\[4em]
\qquad \dfrac{-(-62.1)}{\sqrt{(3\ 000 + 750 \beta \alpha_E)^2 + (4\ 000 + 750 \beta \alpha_I)^2 + (-62.1)^2}}
\end{cases}$$

⑤ 给初值 β、α_I、α_E、α_W 迭代。

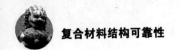

令

$$\alpha_I = \alpha_E = -\sqrt{0.333} = -0.58 \quad \alpha_W = \sqrt{0.333} = 0.58$$

令 $\beta = 3$，这里满足

$$\sum_{i=1}^{n}(\alpha_i)^2 = 1$$

迭代 6 次至收敛，迭代结果见表 4.3。

表 4.3　迭代结果

初值	迭代次数						
	初值	1	2	3	4	5	6
β	3	2.86	2.78	2.76	2.75	2.75	2.75
α_1	−0.58	−0.532	−0.383	−0.383	−0.382	−0.382	−0.382
α_2	−0.58	−0.846	−0.923	−0.924	−0.925	−0.925	−0.925
α_3	0.58	0.019	0.018	0.017	0.017	0.017	0.017

总结：与前面的验算点法相比，最大的不同在于验算点法中初值假设的是验算点坐标值，而这里（Hasofer Lind 指标中）齐次方程法中，假设的是 α_i、β 的初值。

解法 2　矩阵法：

① 极限状态方程同上例，方便起见，令 $X_1 = I, X_2 = E, X_3 = W$，则极限状态方程可写为

$$g(X_1, X_2, X_3) = \frac{L}{360} - 0.006\,9\,\frac{X_3 L^4}{X_2 X_1}$$

② 第一次迭代，假设 x_1^*、x_2^* 为 X_1、X_2 的均值，x_3^* 的值通过求解 $g = 0$ 获得。

由

$$x_1^* = 8 \times 10^{-4}, x_2^* = 2 \times 10^7$$

得

$$x_3^* = \frac{L}{360}\left(\frac{x_2^* x_1^*}{0.006\,9 L^4}\right) = 0.402\,6\,\frac{x_2^* x_1^*}{L^3} = 51.53$$

③ 对于 $z_i^*\,(i = 1,2,3)$ 确定标准化变量：

$$z_1^* = \frac{x_1^* - \mu_{x_1}}{\sigma_{x_1}} = 0, \quad z_2^* = \frac{x_2^* - \mu_{x_2}}{\sigma_{x_2}} = 0$$

$$z_3^* = \frac{x_3^* - \mu_{x_3}}{\sigma_{x_3}} = 182.65$$

④ 确定向量 $\{G\}$：

$$\begin{cases} G_1 = \dfrac{-\partial g}{\partial z_1}\bigg|_{\{z_i^*\}} = \dfrac{-\partial g}{\partial X_1}\bigg|_{\{x_i^*\}} \sigma_{X_1} = -0.0069\dfrac{x_3^* L^4}{x_2^* (x_1^*)^2}\sigma_{X_1} \\[3mm] G_2 = \dfrac{-\partial g}{\partial z_2}\bigg|_{\{z_i^*\}} = \dfrac{-\partial g}{\partial X_2}\bigg|_{\{x_i^*\}} \sigma_{X_2} = -0.0069\dfrac{x_3^* L^4}{x_1^* (x_2^*)^2}\sigma_{X_2} \\[3mm] G_3 = \dfrac{-\partial g}{\partial z_3}\bigg|_{\{z_i^*\}} = \dfrac{-\partial g}{\partial X_3}\bigg|_{\{x_i^*\}} \sigma_{X_3} = -0.0069\dfrac{L^4}{x_2^* x_1^*}\sigma_{X_3} \end{cases}$$

将 x_i^* 及 σ_{X_i} 代入有

$$\{G\} = \begin{Bmatrix} -2.604 \times 10^{-3} \\ -3.472 \times 10^{-3} \\ 5.39 \times 10^{-5} \end{Bmatrix}$$

⑤计算 β：

$$\beta = \frac{\{G\}^{\mathrm{T}}\{z^*\}}{\sqrt{\{G\}^{\mathrm{T}}\{G\}}} = 2.26$$

⑥计算 $\{\alpha\}$：

$$\{\alpha\} = \frac{\{G\}}{\sqrt{\{G\}^{\mathrm{T}}\{G\}}} = \begin{Bmatrix} -0.060 \\ -0.800 \\ -0.012 \end{Bmatrix}$$

⑦确定新的设计点，即 $n-1$ 个标准化变量的坐标值（在标准化坐标系中）：

$$Z_1^* = \alpha_1\beta = (-0.600) \times (2.26) = -1.356$$
$$Z_2^* = \alpha_2\beta = (-0.800) \times (2.26) = -1.808$$

⑧利用步骤⑦中确定的 Z_1^*、Z_2^* 计算原坐标系中的 x_i：

$$x_1^* = \mu_{x_1} + Z_1^*\sigma_{x_1} = 8 \times 10^{-4} + (-1.356) \times (1.5 \times 10^{-4}) = 5.966 \times 10^{-4}$$
$$x_2^* = \mu_{x_2} + Z_2^*\sigma_{x_2} = 2 \times 10^7 + (-1.808) \times (0.5 \times 10^7) = 1.10 \times 10^7$$

⑨确定 x_3^*：

$$x_3^* = \frac{L}{360}\left(\frac{x_2^* x_1^*}{0.0069 L^4}\right) = 21.1$$

重复上述步骤直到收敛，得 $\beta = 2.75$。

例 4.9　试确定梁的惯性矩，以使可靠度指标为 3.0，极限状态为挠度的极限，最大允许挠度为 $L/180$。对于给定载荷，最大挠度出现在端点，值为 $\Delta_{\max} = \dfrac{WL^4}{8EI}$，其中 W 的均值为 12 kN/m，标准差为 1 kN/m；L 均值为 10 m，标准差为 0；I 的均值待定，变异系数为 0.1；E 均值为 200×10^6 kN/m²，标准差为 20×10^6 kN/m²。

解法 1　用齐次方程法求解：尽管不用求 β，但基本步骤是相同的。

①变量各不相关，且长度 L 为确定值，则极限状态函数为

$$g = \frac{L}{180} - \frac{WL^4}{8EI}$$

② 用标准化变量表示极限状态函数：

$$z_W = \frac{w - \mu_W}{\sigma_\omega}, \quad z_E = \frac{E - \mu_E}{\sigma_E}, \quad z_I = \frac{I - \mu_I}{\sigma_I} = \frac{I - \mu_I}{\nu_1 \mu_I}$$

据此可以得到

$$W = \mu_W + z_W \sigma_W, \quad E = \mu_E + z_E \sigma_E, \quad I = \mu_I + z_I \nu_1 \mu_I$$

将其代入 $g = 0$ 并进行标准化处理得

$$100\mu_I + 10\mu_I z_E + 10\mu_I z_I + \mu_I z_E z_I - 0.135 \times (1.125 \times 10^{-2}) z_w = 0$$

③ 用 β、α_i 表示 g，可以得到一个关于 μ_I 的方程

$$z_i^* = \beta \alpha_i = 3\alpha_i$$

即

$$z_w^* = \beta \alpha_w = 3\alpha_w, \quad z_E^* = \beta \alpha_E = 3\alpha_E, \quad z_I^* = \beta \alpha_I = 3\alpha_I$$

代入方程：

$$100\mu_I + 10\mu_I z_E + 10\mu_I z_I + \mu_I z_E z_I - 0.135 - (1.125 \times 10^{-2}) z_w = 0$$

解得

$$\mu_I = \frac{0.135 + (3.375 \times 10^{-2}) \alpha_W}{100 + 30\alpha_E + 30\alpha_I + 9\alpha_I \alpha_E}$$

④ 确定 α_i 的表达式：

$$\alpha_W = \frac{-(-1.125 \times 10^{-2})}{\sqrt{(-1.125 \times 10^{-2})^2 + [10\mu_I + \mu_I(3\alpha_I)]^2 + [10\mu_I + \mu_I(3\alpha_E)]^2}}$$

$$\alpha_E = \frac{10\mu_I + \mu_I(3\alpha_I)}{\sqrt{(-1.125 \times 10^{-2})^2 + [10\mu_I + \mu_I(3\alpha_I)]^2 + [10\mu_I + \mu_I(3\alpha_E)]^2}}$$

$$\alpha_I = \frac{10\mu_I + \mu_I(3\alpha_E)}{\sqrt{(-1.125 \times 10^{-2})^2 + [10\mu_I + \mu_I(3\alpha_I)]^2 + [10\mu_I + \mu_I(3\alpha_E)]^2}}$$

⑤ 此例题中有 4 个未知数，可以先猜想一组数作为初值进行迭代。

⑥ 迭代结果（当 $\beta = 3$，有 $\mu_I = 2.29 \times 10^{-3}\ m^4$），见表 4.4。

表 4.4　齐次方程法迭代结果

迭代系数	初值	迭代次数				
		1	2	3	4	5
μ_I	5×10^{-4}	2.266×10^{-3}	2.027×10^{-3}	2.288×10^{-3}	2.286×10^{-3}	2.289×10^{-3}
α_W	0.58	0.888	0.363	0.439	0.395	0.387
α_E	-0.58	-0.326	-0.659	-0.635	-0.65	-0.649
α_I	-0.58	-0.326	-0.659	-0.635	-0.65	-0.649

解法2 用矩阵法求解:

① 极限状态方程和各参数与上例相同,方便起见,令 $X_1 = I, X_2 = E, X_3 = w$,那么用 X_1、X_2、X_3 表示的极限状态方程可写为

$$g(X_1, X_2, X_3) = \frac{L}{180} - \frac{X_2 L^4}{8 X_2 X_1}$$

$$x_1^* = \mu_{X_1} + Z_1^* \sigma_{X_1} = 8 \times 10^{-4} + (-1.546) \times (1.5 \times 10^{-4}) = 5.8 \times 10^{-4}$$

$$x_2^* = \mu_{X_2} + Z_2^* \sigma_{X_2} = 2 \times 10^7 + (-2.062) \times (0.5 \times 10^7) = 5.69 \times 10^6$$

② 第一次迭代,假设 X_2^*、X_3^* 为 X_2、X_3 的均值,X_1^* 通过求解极限状态方程 $g = 0$ 来获取:

$$X_3^* = 12, \quad X_2^* = 200 \times 10^6$$

得

$$X_1^* = \frac{180 X_3^* L^3}{180 X_2^*} = 1.35 \times 10^{-3}$$

③ 确定标准化变量 z_i^*:

$$z_1^* = \frac{X_1^* - \mu_{X_1}}{\sigma_1} = \frac{1.35 \times 10^{-3} - \mu_1}{\nu_1 \mu_1}$$

$$z_2^* = \frac{X_2^* - \mu_{X_2}}{\sigma_2} = 0$$

$$z_3^* = \frac{X_3^* - \mu_{X_3}}{\sigma_3} = 0$$

④ 确定 $\{G\}$ 向量:

$$G_1 = \frac{-\partial g}{\partial z_1}\bigg|_{\{z_1^*\}} = \frac{-\partial g}{\partial X_1}\bigg|_{\{x_1^*\}} \sigma_{X_1} = -\frac{x_3^* L^4}{8 x_2^* (x_1^*)^2} \sigma_{X_1}$$

$$G_2 = \frac{-\partial g}{\partial z_2}\bigg|_{\{z_2^*\}} = \frac{-\partial g}{\partial X_2}\bigg|_{\{x_2^*\}} \sigma_{X_2} = \frac{x_3^* L^4}{8 x_1^* (x_2^*)^1} \sigma_{X_2}$$

$$G_3 = \frac{-\partial g}{\partial z_3}\bigg|_{\{z_3^*\}} = \frac{-\partial g}{\partial X_3}\bigg|_{\{x_3^*\}} \sigma_{X_3} = -\frac{L^4}{8 x_2^* x_1^*} \sigma_{X_3}$$

把以上数据代入得

$$\{G\} = \begin{Bmatrix} -4.115 \mu_1 \\ -5.556 \times 10^{-3} \\ 4.630 \times 10^{-3} \end{Bmatrix}$$

⑤ 计算 β 的值:

$$\beta = \frac{\{G\}^T \{Z^*\}}{\sqrt{\{G\}^T \{G\}}} = 3$$

可以求出

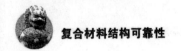

$$\mu_1 = 2.193 \times 10^{-3}$$

⑥ 计算 $\{\alpha\}$ 向量：

$$\{\alpha\} = \frac{\{G\}}{\sqrt{\{G\}^T\{G\}}} = \begin{Bmatrix} -0.780 \\ -0.480 \\ 0.400 \end{Bmatrix}$$

⑦ 对于 $n-1$ 个随机变量确定新的设计点：

$$z_2^* = \alpha_1 \beta = (-0.480) \times (3) = -1.441$$

$$z_3^* = \alpha_2 \beta = (-0.400) \times (3) = -1.200$$

⑧ 由步骤 ⑦ 中的标准化变量,确定原始坐标系下的变量值：

$$x_3^* = \mu_{X_3} + z_3^* \sigma_{X_3} = 12 + 1.200 \times 1 = 13.200$$

$$x_2^* = \mu_{X2} + Z_2^* \sigma_{X_2} = 200 \times 10^6 + (-1.441) \times (200 \times 10^6) = 1.712 \times 10^8$$

⑨ 由极限状态方程 $g = 0$ 确定 x_1^*：

$$x_3^* = \frac{180 x_3^* L^3}{8 x_2^*} = 1.735 \times 10^{-3}$$

⑩ 重复以上步骤,直到收敛,收敛过程见表4.5,最后可得到惯性矩的均值为

$$\mu_1 = 2.28 \times 10^{-3}\ \mathrm{m}^4$$

表4.5　矩阵法迭代收敛过程

迭代系数	迭代次数				
	1	2	3	4	5
X_1^*	1.35×10^{-3}	1.74×10^{-3}	1.82×10^{-3}	1.84×10^{-3}	1.84×10^{-3}
X_2^*	2.0×10^8	1.71×10^8	1.63×10^8	1.62×10^8	1.61×10^8
X_3^*	12	13.2	13.2	13.2	13.2
μ_1	2.19×10^{-3}	2.29×10^{-3}	2.29×10^{-3}	2.30×10^{-3}	2.28×10^{-3}
X_1^*	1.74×10^{-3}	1.82×10^{-3}	1.84×10^{-3}	1.84×10^{-3}	1.84×10^{-3}
X_2^*	1.71×10^8	1.63×10^8	1.62×10^8	1.61×10^8	1.61×10^8
X_3^*	13.2	13.2	13.2	13.2	13.2

4.9　当量正态化方法

工程中,永久载荷一般服从正态分布,截面抗力一般服从对数分布,但诸如风压、雪载、楼面活载等一般为其他类型(如极值 I 型)分布。因此在极限状态方程中常包含一些非正态变量。

前面介绍的 Hasofer – Lined 可靠度指标的分析方法中（矩阵法、齐次方程法）并未变量地考虑分布类型，只需知道均值和方差就可以求解，但当已知变量的分布类型，特别是已知其分布为非正态分布时，如何处理呢？

　　一般考虑将非正态随机变量进行当量化或等效为正态随机变量，可采用三种方法：① 当量正态化方法；② 映射变换方法；③ 实用分析方法。本节重点讲解当量正态化方法。

　　当量正态化的条件如下：

　　（1）在设计验算点 x_i^* 处，当量正态化变量 x_i^e 的概率分布函数值 $F_{x_i^e}(x_i^*)$ 与原随机变量 x_i 分布函数值 $F_{x_i}(x_i^*)$ 相等，即

$$F_{x_i^e}(x_i^*) = F_{x_i}(x_i^*) \tag{4.67}$$

　　（2）在设计验算点处，当量正态化变量的概率密度函数值与原变量的概率密度函数值相等，即

$$f_{x_i^e}(x_i^*) = f_{x_i}(x_i^*) \tag{4.68}$$

图 4.10 给出了非正态变量的当量正态化示意图。

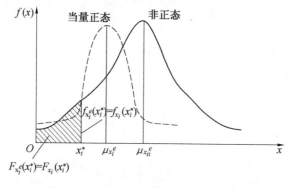

图 4.10　非正态变量的当量正态化示意图

　　由条件（1）可得

$$\Phi\left(\frac{x_i^* - \mu_{x_i^e}}{\sigma_{x_i^e}}\right) = F_{x_i}(x_i^*) \tag{4.69}$$

　　对式（4.69）求逆得

$$\frac{x_i^* - \mu_{x_i^e}}{\sigma_{x_i^e}} = \Phi^{-1}\left[F_{x_i}(x_i^*)\right] \tag{4.70}$$

即

$$\mu_{x_i^e} = x_i^* - \Phi^{-1}\left[F_{x_i}(x_i^*)\right]\sigma_{x_i^e} \tag{4.71}$$

　　由条件（2）可得

$$\frac{1}{\sigma_{x_i^e}}\phi\left(\frac{x_i^* - \mu_{x_i^e}}{\sigma_{x_i^e}}\right) = f_{x_i}(x_i^*) \tag{4.72}$$

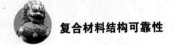

将条件(1)代入得到

$$\frac{1}{\sigma_{x_i^e}}\phi\{\Phi^{-1}[F_{x_i}(x_i^*)]\} = f_{x_i}(x_i^*) \tag{4.73}$$

于是,当量正态分布的标准差为

$$\sigma_{x_i^e} = \frac{\phi\{\Phi^{-1}[F_{x_i}(x_i^*)]\}}{f_{x_i}(x_i^*)} \tag{4.74}$$

式中,ϕ 为标准正态分布的概率密度函数;Φ 为标准正态分布函数。

当随机变量 x_i 服从对数正态分布时,有两种方法求解,下面是直接对比法求解,利用一般定义的求解将在例题中给出。

由于随机变量 x_i 服从对数正态分布,因此 $Y_i = \ln x_i$ 服从正态分布,则可直接用 Y_i 代替 x_i 进行计算,但是极限方程中的 x_i 应改为 $\exp(Y_i)$。此时 $Y_i = \ln x_i$ 的均值和方差为

$$\begin{cases} \mu_{\ln x_i} = \ln\left(\dfrac{\mu_{x_i}}{\sqrt{1 + v_{x_i}^2}}\right) \\ \sigma_{x_i} = \sqrt{\ln(1 + V_{x_i}^2)} \end{cases} \tag{4.75}$$

按照前面所述的当量正态化的两个条件,已知对数正态分布的概率密度函数在设计验算点的 x_i^* 值为

由

$$f_x(x) = \frac{1}{\sqrt{2\pi}\,\sigma_x}\exp\left[-\frac{1}{2}\left(\frac{x - \mu_x}{\sigma_x}\right)^2\right] \tag{4.76}$$

得

$$f_{x_i}(x_i^*) = \frac{1}{\sqrt{2\pi}\,x_i^*\,\sigma_{\ln x_i}}\exp\left[-\frac{1}{2}\left(\frac{\ln x_i^* - \mu_{\ln x_i}}{\sigma_{\ln x_i}}\right)^2\right] \tag{4.77}$$

由式(4.60)可知当量正态分布的概率密度函数在 x_i^* 的值为

$$f_{x_i^e}(x_i^*) = \frac{1}{\sqrt{2\pi}\,\sigma_{x_i^e}}\exp\left[-\frac{1}{2}\left(\frac{x_i^* - \mu_{x_i}^e}{\sigma_{x_i}^e}\right)^2\right] \tag{4.78}$$

令式(4.77)和式(4.78)相等,得

$$\sigma_{x_i^e} = x_i^*\,\sigma_{\ln x_i} = x_i^*\sqrt{\ln(1 + V_{x_i}^2)} \tag{4.79}$$

又由条件(1)有

$$\Phi\left(\frac{x_i^* - \mu_{x_i^e}}{\sigma_{x_i^e}}\right) = \Phi\left(\frac{\ln x_i^* - \mu_{\ln x_i}}{\sigma_{\ln x_i}}\right) \tag{4.80}$$

$$\frac{x_i^* - \mu_{x_i^e}}{\sigma_{x_i^e}} = \frac{\ln x_i^* - \mu_{\ln x_i}}{\sigma_{\ln x_i}} \tag{4.81}$$

整理得

$$\mu_{x_i^e} = x_i^* - \frac{\ln x_i^* - \mu_{\ln x_i}}{\sigma_{\ln x_i}} \sigma_{x_i^e} = x_i^* - \frac{\ln x_i^* - \mu_{\ln x_i}}{\sigma_{\ln x_i}} (x_i^* \sigma_{\ln x_i}) =$$

$$x_i^* (1 - \ln x_i^* + \mu_{\ln x_i}) = x_i^* \left[1 - \ln x_i^* + \ln \left(\frac{\mu_{x_i}}{\sqrt{\ln(1 + V_{x_i}^2)}} \right) \right] \tag{4.82}$$

即最终有

$$\mu_{x_i^e} = x_i^* \left[1 - \ln x_i^* + \ln \left(\frac{\mu_{x_i}}{\sqrt{\ln(1 + V_{x_i}^2)}} \right) \right] \tag{4.83}$$

求得非正态随机变量的当量正态化的 $\mu_{x_i}^e$、$\sigma_{x_i}^e$ 后,即可按照前面处理正态变量的验算点法处理,基本步骤如下:

① 确定变量统计参数和分布类型,极限方程 $g(x_1, x_2, \cdots, x_n) = 0$。

② 假定验算点 P^*,一般可取均值。

③ 求出当量正态化后的 $\mu_{x_i'}^e$、$\sigma_{x_i'}^e$,代替原 μ_{x_i}、σ_{x_i}。

④ 求出方向余弦 $\cos \theta_{x_i}$。

⑤ 代入到 $\begin{cases} x_i^* = \mu_{x_i}^e + \beta \cos \theta_{x_i} \sigma_{x_i}^e \\ g(x_1^*, x_2^*, \cdots, x_n^*) = 0 \end{cases}$,得 $\beta_i \cos \theta_{x_i}$ 的表达式。

⑥ 由 β 代入,求解新的 $x_i^* = \mu_{x_i}^e + \beta \cos \theta_{x_i} \sigma_{x_i}^e$;$\beta$ 若收敛则结束,若不收敛,从步骤 ③ 继续迭代。

例 4.10 某构件强度计算的极限状态方程为 $Z = g(R,S) = R - S = 0$,已知 $\mu_R = 100, \mu_S = 50, V_R = 0.12, V_S = 0.15$,求下列几种情况下的可靠度指标 β 和验算点坐标 R^*、S^* 值。

① R、S 均服从正态分布。

② R、S 均服从对数分布。

③ R 对数分布,S 正态分布。

④ R 对数分布,S 极值 Ⅰ 型分布。

解 ① R、S 均服从正态分布:

$$\sigma_R = \mu_R V_R = 100 \times 0.12 = 12, \quad \sigma_S = \mu_S V_S = 50 \times 0.15 = 75$$

由于 R 和 S 为正态分布,所以

$$\beta = \frac{\mu_R - \mu_S}{\sqrt{\sigma_R^2 + \sigma_S^2}} = \frac{100 - 50}{\sqrt{12^2 + 7.5^2}} = \frac{50}{14.15} = 3.533$$

$$\cos \theta_R = \frac{-\sigma_R}{\sqrt{\sigma_R^2 + \sigma_S^2}} = \frac{-12}{14.15} = -0.8480$$

类似的 $\cos \theta_S = 0.5300$。

则验算点在原坐标系的坐标为

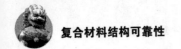

$$\begin{cases} R^* = \mu_R + \beta\sigma_R\cos\theta_R = 100 + 3.533 \times 12 \times (0.848\,0) = 64.048 \\ S^* = 64.044 \end{cases}$$

②R、S 均为对数正态分布:

$$\begin{cases} \mu_{\ln R} = \ln\left(\dfrac{\mu_R}{\sqrt{1 + V_R^2}}\right) = \ln\left(\dfrac{100}{\sqrt{1 + 0.12^2}}\right) = 4.598 \\ \sigma_{\ln R} = \sqrt{\ln(1 + V_R^2)} = \sqrt{\ln(1 + 0.12^2)} = 0.119\,6 \end{cases}$$

$$\mu_{\ln S} = 3.901, \quad \sigma_{\ln S} = 0.149\,2$$

由于 R 和 S 为对数正态分布,则

$$\beta = \frac{\mu_{\ln R} - \mu_{\ln S}}{\sqrt{\sigma_{\ln R}^2 + \sigma_{\ln S}^2}} = \frac{4.598 - 3.901}{\sqrt{0.119\,6^2 + 0.149\,2^2}} = \frac{0.697}{0.1912} = 3.645$$

$$\cos\theta_{\ln R} = \frac{-\sigma_{\ln R}}{\sqrt{\sigma_{\ln R}^2 + \sigma_{\ln S}^2}} = \frac{-0.119\,6}{0.191\,2} = -0.625\,5$$

$$\cos\theta_{\ln S} = 0.780\,3$$

计算相应的验算点坐标值:

$$\ln R^* = \mu_{\ln R} + \beta\sigma_{\ln R}\cos\theta_{\ln R} = 4.325\,3$$
$$R = 75.59$$
$$\ln S^* = 4.325 \Rightarrow S = 75.60$$

所以

$$R - S = 75.59 - 75.60 = -0.01 \approx 0$$

近似有

$$\beta \approx \frac{\ln\left(\dfrac{100}{50}\right)}{\sqrt{0.12^2 + 0.15^2}} = \frac{0.693\,1}{0.192\,1} = 3.608$$

③R 服从对数正态分布,S 服从正态分布:

由步骤第 ② 中的计算可知 $\mu_{\ln R} = 4.598$,$\sigma_{\ln R} = 0.119\,6$。

当量正态化得

$$\begin{cases} \mu_R^e = R^*(1 - \ln R^* + \mu_{\ln R}) = R^*(1 - \ln R^* + 4.598) = R^*(5.598 - \ln R^*) \\ \sigma_R^e = R^*\sigma_{\ln R} = 0.119\,6R^* \end{cases}$$

R^* 服从正态分布,S 服从正态分布,所以

$$\beta = \frac{\mu_R^e - \mu_S}{\sqrt{(\sigma_R^e)^2 + \sigma_S^2}}$$

$$\cos\theta_R^e = \frac{-\sigma_R^e}{\sqrt{(\sigma_R^e)^2 + \sigma_S^2}}$$

$$\cos\theta_S = \frac{\sigma_S}{\sqrt{(\sigma_R^e)^2 + \sigma_S^2}}$$

$$R^* = \mu_R^e + \beta\sigma_R^e \cos\theta_R^e$$

$$S^* = \mu_S + \beta\sigma_S \cos\theta_S$$

再 $R^* - S^* = 0$ 校核,需用迭代法进行计算,结果见表 4.6。

表 4.6　迭代计算结果

迭代次数	R^* (1)	μ_R^e (2)	σ_R^e (3)	$\cos\theta_R^e$ (4)	$\cos\theta_S$ (5)	β (6)	R^* (7)	S^* (8)
1	70	94.465	8.372	−0.744 8	0.667 3	3.956	69.797	69.799

因第(1)项的初值 $R^* = 70$,与第(7)项所求 $R^* = 69.797$ 只差 0.203(即相对误差为 0.29%),而第(8)项 $S^* = 69.799$ 与第(7)项 $R^* = 69.797$ 近似相等,满足要求,不再迭代。

如果第(7)项的数值与第(1)项相差较大,则继续迭代。

④R 服从对数正态分布,S 为极值 Ⅰ 型分布:

由步骤 ③ 可知 $\sigma_R^e = 0.119\ 6R^*$,$\mu_R^e = R^*(5.598 - \ln R^*)$。

由

$$\begin{cases} \mu_x \approx \mu + \dfrac{0.577}{\alpha} \\ \sigma_x \approx \dfrac{1.282}{\alpha} \end{cases}$$

得

$$\begin{cases} \alpha \approx \dfrac{1.282}{\sigma_x} \\ \mu = \mu_x - 0.45\sigma_x = \mu_x - \dfrac{0.577\ 2}{\alpha} \end{cases}$$

所以

$$\alpha = \frac{\pi}{\sqrt{6}} \times \frac{1}{\sigma_x} = \frac{\pi}{7.5 \times \sqrt{6}} = 0.171 \approx \frac{1.282}{\sigma_x}$$

$$\beta = \frac{\mu_R^e - \mu_S}{\sqrt{(\sigma_R^e)^2 + \sigma_S^2}}$$

$$\mu = \frac{-0.577\ 2}{\alpha} + \mu_S = \frac{-0.577\ 2}{0.171} + 50 = 46.625$$

且对于极值 Ⅰ 型

$$\begin{cases} f_X(\alpha) = \alpha e^{-e^{-\alpha(x-u)}} \cdot e^{-\alpha(x-u)} \\ F_X(x) = e^{-e^{-\alpha(x-u)}} \end{cases}$$

令

$$y^* = \alpha(S^* - u)$$

$$\begin{cases} f_S(S^*) = 0.171\exp(-y^*)\exp[-\exp(-y^*)] \\ F_S(S^*) = \exp[-\exp(-y^*)] \end{cases}$$

求 σ_{S*}^e 及 μ_{R*}^e 的迭代计算结果见表4.7和表4.8。

表4.7　σ_{S*}^e 和 μ_{R*}^e 迭代计算结果

S^* (1)	y^* (2)	$F_S(S^*)$ (3)	$\Phi^{-1}[F_S(S^*)]$ (4)	$\phi\{\Phi^{-1}[F_S(S^*)]\}$ (5)	$f_S(S^*)$ (6)	σ_S^e (7)	μ_S^e (8)
80	5.707	0.996 7	2.72	0.009 877	5.663×10^{-4}	17.431	32.588
82.3	6.100	0.997 8	2.85	0.006 873	3.827×10^{-4}	17.959	31.117

表4.8　迭代计算结果

迭代次数	变量	x_i^* (1)	$\sigma_{x_i}^e$ (2)	$\mu_{x_i}^e$ (3)	$\sqrt{(\sigma_R^e)^2+(\sigma_S^e)^2}$ (4)	β (5)	$\cos\theta_{x_i}$ (6)	x_i^* (7)	$|\Delta\beta|$ (8)
1	R	80.0	9.568	97.278	19.884	3.253	−0.482 1	82.301	—
	S	80.0	17.431	32.588			0.876 6	82.294	
2	R	82.3	9.843	97.742	20.480	3.253	−0.480 6	82.354	—
	S	82.3	17.959	31.117			0.876 9	82.346	

最终有

$$R^* = S^* = 82.35, \quad \beta = 3.253$$
$$P_f = \Phi(-\beta) = \Phi(-3.253) = 0.000\,571 = 5.71\times10^{-4}$$

不同概率分布的可靠度指标和失效概率比较见表4.9。

表4.9　不同概率分布的可靠度指标和失效概率

计算情况	$R^* = S^*$	β	P_f
R、S 正态	64.04	3.533	2.05×10^{-4}
R、S 对数正态	75.60	3.645	1.34×10^{-4}
R 对数正态,S 正态	69.80	3.956	3.80×10^{-5}
R 对数正态,S 极值 I	82.35	3.253	5.71×10^{-4}

例4.11　试证明对数正态分布随机变量 x 的"当量正态化"等效参数为

$$\sigma_x^e = x^*\sigma_{\ln x}, \quad \mu_x^e = x^*[1-\ln(x^*)+\mu_{\ln x}]$$

解　对数正态分布 x 的 PDF 和 CDF 分别为

$$f_x(x^*) = \frac{1}{x^*\sigma_{\ln x}}\phi\left(\frac{\ln(x^*)-\mu_{\ln x}}{\sigma_{\ln x}}\right)$$

$$F_x(x^*) = \Phi\left(\frac{\ln(x^*)-\mu_{\ln x}}{\sigma_{\ln x}}\right)$$

由以上可知

$$\sigma_x^e = \frac{1}{f_x(x^*)}\phi\{\Phi^{-1}[F_x(x^*)]\} = \frac{1}{f_x(x^*)}\phi\{\Phi^{-1}[\Phi(\frac{\ln(x^*)-\mu_{\ln x}}{\sigma_{\ln x}})]\} =$$

$$\frac{1}{f_x(x^*)}\phi(\frac{\ln(x^*)-\mu_{\ln x}}{\sigma_{\ln x}}) = \frac{1}{f_x(x^*)}[f_x(x^*)x^*\sigma_{\ln x}] = x^*\sigma_{\ln x}$$

$$\mu_x^e = x^* - \Phi^{-1}[F_x(x^*)]\sigma_x^e = x^* - \sigma_x^e[\Phi^{-1}(\Phi(\frac{\ln(x^*)-\mu_{\ln x}}{\sigma_{\ln x}}))] =$$

$$x^* - \sigma_x^e[\frac{\ln(x^*)-\mu_{\ln x}}{\sigma_{\ln x}}] = x^* - x^*\sigma_{\ln x}[\frac{\ln(x^*)-\mu_{\ln x}}{\sigma_{\ln x}}] =$$

$$x^* - x^*[\ln(x^*)-\mu_{\ln x}] = x^*[1 - \ln(x^*) + \mu_{\ln x}]$$

下面举例说明即便是线性函数,迭代也是必需的,这是因为用到等效正态分布参数每一步都是变化的。

例4.12 极限状态函数 $g(R,Q) = R - Q$,R 服从对数正态分布,$\mu_R = 200$,$\sigma_R = 20$,Q 服从极值 I 型分布,$\mu_Q = 100$,$\sigma_Q = 12$,用矩阵法求 β?

解 ① 函数及各变量参数已知,初始值假设 $r^* = 150$(任意猜的),由于

$$g = r^* - q^* = 0$$

得

$$q^* = 150$$

② 确定 R 的等效参数,因 R 服从对数分布,得

$$\sigma_{\ln R}^2 = \ln(1 + V_R^2) = 9.95 \times 10^{-3}$$

所以

$$\sigma_{\ln R} = 0.0998$$

$$\mu_{\ln R} = \ln(\mu_R) - \frac{1}{2}\sigma_{\ln R}^2 = 5.29$$

利用前面的公式有

$$\sigma_R^e = r^*\sigma_{\ln R} = 150 \times 0.0998 = 15.0$$

$$\mu_R^e = r^*[1 - \ln(r^*) + \mu_{\ln R}] = 150[1 - \ln(150) + 5.42] = 192$$

由于 Q 为极值 I 型分布,因此有

$$F_Q(q) = \exp\{-\exp[-\alpha(q-u)]\} = e^{-e^{-\alpha(x-u)}}$$

$$f_Q(q) = \alpha\{\exp[-\alpha(q-u)]\}\exp\{-\exp[-\alpha(q-u)]\} =$$

$$\alpha e^{-e^{-\alpha(x-u)}} \cdot e^{-\alpha(x-u)}$$

式中

$$u = \mu_Q - \frac{0.5772}{\alpha}, \quad \alpha = \frac{1.282}{\sigma_Q}$$

$$u = 0.107, \quad \alpha = 94.6$$

代入 $q^* = 150$ 得

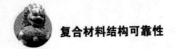
$$F_Q(q^*) = 0.997, \quad f_Q(q^*) = 2.86 \times 10^{-4}$$

则当量正态化参数为

$$\sigma_Q^e = \frac{1}{f_Q(q^*)}\phi[\Phi^{-1}(F_Q(q^*))] = \frac{1}{2.86 \times 10^{-4}}\phi[\Phi^{-1}(0.997)] = 28.9$$

$$\mu_Q^e = q^* - \sigma_Q^e[\Phi^{-1}(F_Q(q^*))] = 150 - 28.9\Phi^{-1}(0.997) =$$
$$150 - 28.9 \times 2.72 = 69.5$$

③ 利用 Z_1^* 表示 r^*，Z_2^* 表示 q^*，则

$$Z_1^* = \frac{r^* - \mu_R^e}{\sigma_R^e} = -2.83$$

$$Z_2^* = \frac{q^* - \mu_Q^e}{\sigma_Q^e} = 2.78$$

④ 确定向量 $\{G\}$：

$$G_1 = -\left.\frac{\partial g}{\partial Z_1}\right|_{\{Z^*\}} = -\left.\frac{\partial g}{\partial R}\right|_{\{x_i^*\}} \sigma_R^e = -\sigma_R^e = -15.0$$

$$G_2 = -\left.\frac{\partial g}{\partial Z_2}\right|_{\{Z^*\}} = -\left.\frac{\partial g}{\partial Q}\right|_{\{x_i^*\}} \sigma_Q^e = \sigma_Q^e = 28.9$$

⑤ 计算 β：

$$\beta = \frac{\{G\}^{\mathrm{T}}\{Z^*\}}{\sqrt{\{G\}^{\mathrm{T}}\{G\}}} = 3.78$$

⑥ 计算 $\{\alpha\}$：

$$\{\alpha\} = \frac{\{G\}}{\sqrt{\{G\}^{\mathrm{T}}\{G\}}} = \left\{\begin{array}{c} -0.460 \\ 0.888 \end{array}\right\}$$

⑦ 确定新的 $(n-1)$ 个 Z_i^* 值：

$$Z_1^* = \alpha_1\beta = (-0.460)(3.78) = -1.74$$

⑧ 确定原始坐标值，利用新 Z_i^* 计算新 r^*：

$$r^* = Z_1^*\sigma_R^e + \mu_R^e = 166$$

⑨ 用 $g = 0$ 确定 $q^* = r^* = 166$。

⑩ 迭代 β 和设计点，最终收敛到 3.76。迭代过程见表 4.10。

表 4.10 迭代过程

次数	1	2	3
r^*	150	166	168
q^*	150	166	168
β	3.78	3.76	3.76
r^*	166	168	168
q^*	166	168	168

例 4.13　计算下式极限状态函数的可靠度指标, $g(Z,F_y,M) = ZF_y - M$,变量概率分布及参数见表 4.11。

表 4.11　变量概率分布及参数

变量	分布	均值	变异系数 /%
Z	正态	100	5
F_y	对数正态	40	10
M	极值 I 型	2 000	10

求其可靠度指标。

解　用矩阵法求解:

① 已知极限状态函数及相关参数,令 $Z = X_1, F_y = X_2, M = X_3$。

② 给初值 $x_1^* = 100, x_2^* = 40$,由 $g = 0$ 得 $x_3^* = 4\,000$。

③ 确定等效状态参数,由于 $Z = X_1$ 为正态分布,不用等效, $F_y = X_2$ 服从对数分布。

$$\sigma_{\ln F_y}^2 = \ln(1 + V_{F_y}^2) = 9.95 \times 10^{-3} \Rightarrow \sigma_{\ln F_y} = 0.099\,8$$

$$\mu_{\ln F_y} = \ln(\mu_{F_y}) - \frac{1}{2}\sigma_{\ln F_y}^2 = 3.68$$

$$F_{F_y}(x_2^*) = \Phi\left(\frac{\ln x_2^* - \mu_{\ln F_y}}{\sigma_{\ln F_y}}\right) = \Phi(0.049\,9) = -0.520$$

且

$$f_{F_y}(x_2^*) = \frac{1}{\sqrt{2\pi}}\frac{1}{\sigma_{\ln F_y} x_2^*}\exp\left[-\frac{1}{2}\left(\frac{\ln x_2^* - \mu_{\ln F_y}}{\sigma_{\ln F_y}}\right)^2\right] = 0.099\,9$$

等效正态分布函数:

$$\sigma_{F_y}^e = \frac{1}{f_{F_y}(x_2^*)}\phi\{\Phi^{-1}[F_{F_y}(x_2^*)]\} = \frac{1}{0.099\,9} \times 0.049\,9 = 3.99$$

$$\mu_{F_y}^e = x_2^* - \sigma_{F_y}^e\{\Phi^{-1}[F_{F_y}(x_2^*)]\} = 39.8$$

对于极值 I 型变量 M (可以利用例 5.8 中的参数关系),

$$F_M(m) = \exp\{-\exp[-\alpha(m-u)]\} = e^{-e^{-\alpha(m-u)}}$$

$$f_M(m) = \alpha\{\exp[-\alpha(m-u)]\}\exp\{-\exp[-\alpha(m-u)]\} = \alpha e^{-e^{-\alpha(m-u)}}e^{-\alpha(m-u)}$$

且 $u = \mu_M - \dfrac{0.577\,2}{\alpha}, \alpha = \dfrac{1.282}{\sigma_M}$,得

$$u = 1\,910, \quad \alpha = 0.006\,41$$

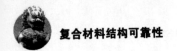

所以

$$F_M(x_3^*) = 0.999, \quad f_M(x_3^*) = 9.69 \times 10^{-9}$$

等效正态参数

$$\sigma_M^e = \frac{1}{f_M(x_3^*)}\phi\{\Phi^{-1}[F_M(x_3^*)]\} = \frac{1}{9.69 \times 10^{-9}}\phi[\Phi^{-1}(0.999)] = 759$$

$$\mu_M^e = x_3^* - \sigma_M^e\{\Phi^{-1}[F_M(x_3^*)]\} = 456$$

④ 确定标准化变量值为

$$Z_1^* = \frac{x_1^* - \mu_Z}{\sigma_Z} = 0, \quad Z_2^* = \frac{x_2^e - \mu_{F_y}^e}{\sigma_{F_y}^e} = 0.050\ 1, \quad Z_3^* = \frac{x_3^e - \mu_M^e}{\sigma_M^e} = 4.69$$

⑤ 确定向量$\{G\}$为

$$G_1 = -\frac{\partial g}{\partial Z_1}\bigg|_{\{Z^*\}} = -\frac{\partial g}{\partial x_1}\bigg|_{\{x_i^*\}}\sigma_Z = -x_2^*\sigma_Z = -40 \times 5 = -200$$

$$\sigma_2 = -\frac{\partial g}{\partial Z_2}\bigg|_{\{Z^*\}} = -\frac{\partial g}{\partial x_2}\bigg|_{\{x_i^*\}}\sigma_{F_y}^e = -x_1^*\sigma_{F_y}^e = -100 \times 3.99 = -399$$

$$G_3 = -\frac{\partial g}{\partial Z_3}\bigg|_{\{Z^*\}} = -\frac{\partial g}{\partial x_3}\bigg|_{\{x_i^*\}}\sigma_M^e = \sigma_M^e = 759$$

⑥ 计算β:

$$\beta = \frac{\{G\}^T\{Z_i^*\}}{\sqrt{\{G\}^T\{G\}}} = 3.97$$

⑦ 计算$\{\alpha\}$:

$$\{\alpha\} = \frac{\{G\}}{\sqrt{\{G\}^T\{G\}}} = \begin{Bmatrix} -0.227 \\ -0.457 \\ 0.870 \end{Bmatrix}$$

⑧ 确定新的$(n-1)$个Z_i^*值:

$$Z_1^* = \alpha_1\beta = (-0.227)(3.97) = -0.901$$

$$Z_2^* = \alpha_2\beta = (-0.457)(3.97) = -1.814$$

⑨ 确定新的$(n-1)$个x_i^*值:

$$x_1^* = \mu_Z + Z_1^*\sigma_Z = 95.5$$

$$x_2^* = \mu_{F_y}^e + Z_2^e\sigma_{F_y}^e = 32.6$$

⑩ 确定余下的x_3^*值,由$g=0$得$x_3^e = 3\ 113.3$。

⑪ 迭代,重复步骤③~⑩,直至收敛,$\beta = 3.98$。

表 4.12　例 4.13 迭代过程

迭代次数	1	2	3
x_1^*	100	95.5	95.8
x_2^*	40	32.6	32.9
x_3^*	4 000	3 113.3	3 116
β	3.97	3.98	3.98
x_1^*	95.5	95.8	95.8
x_2^*	32.6	32.8	32.9
x_3^*	3 113.3	3 116	3 116

4.10　映射变换法

　　非正态随机变量通过当量正态法,而映射变化法则通过数学变换进行正态化处理。

　　设 $X_1, X_2, \cdots, X_n$ 为相互独立的随机变量,则功能函数

$$Z_X = g(X_1, X_2, \cdots, X_n) \tag{4.84}$$

做映射变换有

$$F_i(X_i) = \Phi(Y_i) \quad (i = 1, 2, \cdots, n) \tag{4.85}$$

则

$$\begin{cases} X_i = F_i^{-1}[\Phi(Y_i)] \\ Y_i = \Phi^{-1}[F_i(X_i)] \end{cases} \tag{4.86}$$

式中, Y_i 为标准正态随机变量。

　　将式(4.85)、式(4.86)代入式(4.87)中,可得由标准正态随机变量 Y_i($i = 1, 2, \cdots, n$) 表示的结构功能函数 Z_Y

$$Z_Y = g\{F_1^{-1}[\Phi(Y_1)], F_2^{-1}[\Phi(Y_2)], \cdots, F_n^{-1}[\Phi(Y_n)]\} = G(Y_1, Y_2, \cdots, Y_n) \tag{4.87}$$

　　对式(4.87)两端微分有

$$f_i(x_i)\mathrm{d}x_i = \phi(y_i)\mathrm{d}y_i \quad (i = 1, 2, \cdots, n) \tag{4.88}$$

　　对于结构可靠度分析中常用的几种概率分布,下面分别给出由 Y_i 表示的 X_i 和 $\dfrac{\partial X_i}{\partial Y_i}$ 的具体形式。

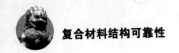

X_i 服从正态分布,有

$$F_i(X_i) = \Phi\left(\frac{X_i - \mu_{x_i}}{\sigma_{x_i}}\right) = \Phi(Y_i) \tag{4.89}$$

$$X_i = \mu_{x_i} + Y_i\sigma_{x_i} \tag{4.90}$$

$$\frac{\partial X_i}{\partial Y_i} = \sigma_{x_i} \tag{4.91}$$

X_i 服从对数正态分布,有

$$F_i(X_i) = \Phi\left(\frac{\ln x_i - \mu_{\ln x_i}}{\sigma_{\ln x_i}}\right) = \Phi(Y_i) \tag{4.92}$$

$$X_i = \exp(\mu_{\ln x_i} + Y_i\sigma_{\ln x_i}) \tag{4.93}$$

$$\frac{\partial X_i}{\partial Y_i} = X_i\sigma_{\ln x_i} \tag{4.94}$$

X_i 服从极值 I 型分布,有

$$\begin{cases} X_i = \dfrac{u - \ln\{-\ln[\Phi(Y_i)]\}}{\alpha} \\ \dfrac{\partial X_i}{\partial Y_i} = \dfrac{-\Phi(Y_i)}{\alpha\Phi(Y_i)\ln[\Phi(Y_i)]} \end{cases} \tag{4.95}$$

式中

$$u = \mu_{x_i} - 0.45\sigma_{X_i} \tag{4.96}$$

$$\alpha = \frac{\pi}{\sqrt{6}}\frac{1}{\sigma X_i} = \frac{1.282}{\sigma X_i} \tag{4.97}$$

例 4.14 下面以 X_i 服从极值 I 型为例,说明推导过程,若 X_i 服从极值 I 型,则 $F_i(X_i) = \exp\{-\exp[\alpha(X_i - u)]\}$,由 $F_i(X_i) = \Phi(Y_i)$ 推出

$$\exp\{-\exp[\alpha(X_i - u)]\} = \Phi(Y_i)$$

$$-\exp[\alpha(X_i - u)] = -\ln[\Phi(Y_i)]$$

$$\alpha(X_i - u) = -\ln\{-\ln[\Phi(Y_i)]\}$$

从而有

$$X_i = u - \frac{\ln\{-\ln[\Phi(Y_i)]\}}{\alpha}$$

则

$$\frac{\partial X_i}{\partial Y_i} = -\frac{\phi(Y_i)}{\alpha}\frac{-1}{\Phi(Y_i)}\frac{1}{-\ln[\Phi(Y_i)]} = \frac{-\phi(Y_i)}{\alpha\Phi(Y_i)\ln[\Phi(Y_i)]}$$

例 4.15 结构极限状态方程为 $g(R,S) = R - S = 0$,其中 R 服从对数分布,Q 服从正态分布,$\mu_R = 100$,$\mu_S = 50$,$V_R = 0.2$,$V_S = 0.15$,用映射变换法求解可靠度指标。

解　R 服从对数正态分布, S 服从正态分布, 即

$$\mu_{\ln R} = \ln \mu_R - \frac{1}{2}\sigma_{\ln R}^2 = 4.598$$

$$\sigma_{\ln R}^2 = \ln(V_R^2 + 1) = 0.119\,6$$

做映射变换:

$$R = \exp(\mu_{\ln R} + \sigma_{\ln R} Y_R) = \exp(4.598 + 0.119\,6 Y_R)$$

$$S = \mu_S + \sigma_S Y_S = 50 + 7.5 Y_S$$

极限状态方程为

$$Z_Y = G(Y_R, Y_S) = \exp(4.598 + 0.119\,6 Y_R) - 50 - 7.5 Y_S$$

$$\left.\frac{\partial G}{\partial Y_R}\right|_{P*} = 0.119\,6\exp(4.598 + 0.119\,6 Y_R)$$

$$\left.\frac{\partial G}{\partial Y_S}\right|_{P*} = -7.5$$

迭代求解 β 的过程见表 4.13。

表 4.13　迭代求解 β 的过程

迭代系数	初始值	迭代次数	
		1	2
y_R	0	−3.400 9	−2.871 6
y_S	0	2.148 5	2.724 4
R	99.288	66.113 6	70.432 9
S	50.0	66.113 6	70.432 9
$\cos\theta_{YS}$	−0.845 4	−0.725 5	−0.746 8
$\cos\theta_{YR}$	0.534 1	0.688 3	0.665 1
β	4.027 7	3.958 3	3.956 7

4.11　结构系统的可靠性

前述的可靠度都是指单独的构件,而工程中大多数情况为多个构件组成的结构体系。按结构体系失效模式间的逻辑关系,结构体系分为串联结构体系和并联结构体系。串联结构体系指结构中有一种或一个失效模式出现,则整个结

构失效的结构体系。并联结构体系指结构失效模式全部出现时,结构才失效的结构体系。结构构件有脆性和延性之分,二者对失效模式的关联有重要影响。图 4.11 为典型的脆性和延性构件的载荷位移关系。典型的串联和并联体系如图 4.12 所示。

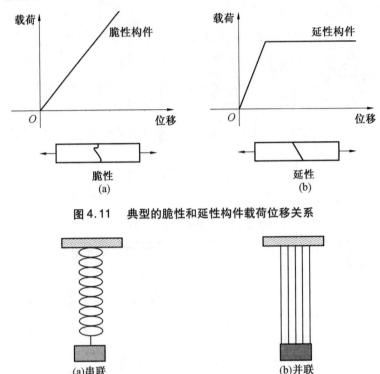

图 4.11　典型的脆性和延性构件载荷位移关系

图 4.12　典型的串联和并联体系

串联系统,有时也称为最弱链(环)系统,如果一个系统有 n 个元件,每个元件的强度为随机变量,以 R_i 表示第 i 个元件的强度,R 表示整个系统的强度。每个元件强度的概率分布函数以 $F_{R_i}(r)$ 表示。系统强度 R 的概率分布可以用来推导系统失效概率 P_f。对于复合材料来说,单根纤维沿长度方向的拉伸强度往往采用串联系统模型,这方面内容将在第 5 章介绍。

设系统承受外载 q,系统失效概率意味着 R 小于 q,即失效概率 P_f 为

$$P_f = P(R \leqslant q) = F_R(q) \tag{4.98}$$

当载荷作用于系统,每个组成元件的载荷为 q_i,其大小依赖于系统各部件的尺寸及系统组成方式。对于单链系统,假设每个元件承受同样载荷 $q_i = P$,在图 4.13 所示的桁架结构中,如果每个桁架的几何以及布置方式各不相同,则受力也

不同。

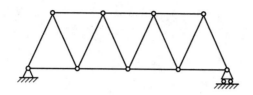

图 4.13　桁架结构

假设每个元件在统计上都独立,可以计算系统失效概率如下:

$$P_f = F_R(q) = P(R \leq q) = 1 - P(R > q) =$$

$$1 - P[(R_1 > q_1) \cap (R_2 > q_2) \cap \cdots \cap (R_n > q_n)] =$$

$$1 - [1 - P(R_1 \leq q_1)][1 - P(R_2 \leq q_2)] \cdots [1 - P(R_n \leq q_n)] =$$

$$1 - \prod_{i=1}^{n} [1 - F_{R_i}(q_i)] = 1 - \prod_{i=1}^{n} [1 - P_{f_i}] \tag{4.99}$$

式中,P_{f_i} 为第 i 个元件的失效概率。

例 4.16　一个串联系统如图 4.14 所示,该结构系统由梁和杆组成。构件 AB 为钢梁,其屈服应力 $F_y = 36$ kPa,截面模量 $Z = 6.66$ m³,构件 CB 是一钢杆,直径 $D = 1$ m,极限强度 $F_u = 58$ kPa,假设载荷 p 为确定性的,构件自重忽略。已知变量参数:$\lambda_{AB} = 1.07$,$v_{AB} = 0.13$;$\lambda_{CB} = 1.14$,$v_{CB} = 0.14$。计算该系统的可靠度。(R_{AB} 服从对数分布,R_{BC} 服从正态分布,各元件统计独立)

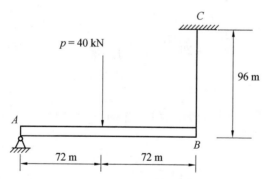

图 4.14　串联系统示意图

解　本题首先分析结构系统的特性,依据题意可以看出梁和杆两个构件中,如果有任何一个失效则整个体统失效,因此本题为串联系统问题。

求解前,首先确定变量均值和方差。

梁 AB 的承载力标准值为

$$R_{n_{AB}} = ZF_{yz} = 6.66 \times 36 = 2\,398\,(\text{kN} \cdot \text{m})$$

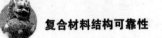

R_{AB} 均值为

$$\mu_{R_{AB}} = \lambda_{AB} \cdot R_{n_{AB}} = 1.07 \times 2\,398 = 2\,566(\text{kN} \cdot \text{m})$$

$$\sigma_{R_{AB}} = \mu_{R_{AB}} \cdot v_{AB} = 2\,566 \times 0.13 = 334.9(\text{kN} \cdot \text{m})$$

R_{AB} 服从对数分布,相应的均值和方差为

$$\sigma_{\ln R_{AB}} = \sqrt{\ln(1 + v_{AB}^2)} = 0.129$$

$$\mu_{\ln R_{AB}} = \ln \mu_{AB} - \frac{1}{2}\sigma_{\ln R_{BC}}^2 = 7.84$$

对于钢杆,名义抗力为横截面积乘以极限承载力,即

$$R_{n_{BC}} = A F_u = \frac{\pi}{4}(1)^2 \times 58 = 45.6(\text{kN})$$

其均值和标准差分别为

$$\mu_{R_{BC}} = \lambda_{AB} \cdot R_{n_{BC}} = 1.14 \times 45.6 = 52.0(\text{kN})$$

$$\sigma_{R_{BC}} = \mu_{AB} \cdot v_{BC} = 52.0 \times 0.14 = 7.28(\text{kN})$$

经受力分析:支座 A 处以及 C 点反力皆为 $0.5p = 20$ kN,梁 AB 的最大弯矩

$$M_{\max} = \frac{pl}{4} = \frac{40 \times 144}{4} = 1\,440(\text{kN} \cdot \text{m})$$

构件 AB 的失效概率

$$p_{f_{AB}} = p(R_{AB} < 1\,440) = \Phi\left(\frac{\ln(1\,440) - \mu_{\ln R_{BC}}}{\sigma_{\ln R_{BC}}}\right) = \Phi(-4.40) = 5.41 \times 10^{-6}$$

钢杆失效概率为

$$p_{f_{BC}} = p(R_{BC} < 20) = \Phi\left(\frac{20 - \mu_{R_{BC}}}{\sigma_{R_{BC}}}\right) = \Phi(-4.39) = 5.67 \times 10^{-6}$$

由于梁、杆统计独立,则

$$p_{f_{系}} = 1 - \prod_{i=1}^{2}(1 - p_{f_i}) = 1 - (1 - 5.41 \times 10^{-6})(1 - 5.67 \times 10^{-6}) =$$
$$1.11 \times 10^{-5}$$

则系统可靠度指数 $\beta_{系} = -\Phi^{-1}(p_f) = 4.24$。

例 4.17 串联系统由 n 个元件组成,每个元件的失效概率为 0.05,试确定系统的失效概率? 当 $n = 1, 2, 3, 5, 10$ 时,求失效概率 P_f 和可靠度指标 β 值。

解

$$P_f = 1 - \prod_{i=1}^{n}[1 - P_{f_i}] = 1 - [1 - 0.05]^n = 1 - 0.95^n$$

结果及可靠度指标见表 4.14。

表 4.14　结果及可靠度指标

n	P_f	$\beta = -\Phi^{-1}(P_f)$
1	0.05	1.64
2	0.097 5	1.29
3	0.142 6	1.07
5	0.226 2	0.75
10	0.401 3	0.25

下面给出串并联体系的例题。

例 4.18　图 4.15 所示为钢架结构,柱底端固定梁与柱铰接,作用载荷为 S 和 W,梁的跨度为 30 m,柱高为 20 m,假设柱的压缩强度远大于载荷效应,并且载荷为确定的量。构件抗力为随机变量,其统计参数见表 4.15。试确定构件 AB、BC 和 CD 的抗力使得结构体系的可靠度为 4.5。

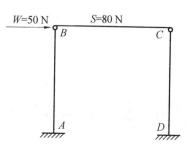

图 4.15　钢架结构

表 4.15　变量的统计参数

构件	偏差系数 λ	变异系数 v
AB	1.10	0.125
BC	1.08	0.140
CD	1.10	0.125

解　据题意分析体系的性质,整个体系 AB 和 BC 弯矩引起失效或梁 BC 弯矩引起失效,系统失效则 AB、CD 柱为并联,而 BC 梁为串联,令 P_{f_S} 为系统失效概率,构件失效概率为

$$P_{f_S} = 1 - (1 - P_{f_{BC}}) \cdot (1 - P_{f_{AB}} \cdot P_{f_{CD}})$$

当 $\beta_S = 4.5$ 得

$$P_{f_S} = \Phi(-\beta_S) = 3.40 \times 10^{-6}$$

对串联部分,设计时应令各元件抗力失效概率尽量相等,即

$$P_{f_{BC}} = P_{f_{AB}} \cdot P_{f_{CD}}$$

所以

$$P_{f_S} = 1 - (1 - P_{f_{BC}})^2$$

由

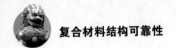
$$P_{f_S} = 3.40 \times 10^{-6}$$

得

$$P_{f_{BC}} = 1.70 \times 10^{-6} \Rightarrow \beta_{BC} \approx 4.65$$

而

$$1.70 \times 10^{-6} = P_{f_{AB}} \cdot P_{f_{CD}}$$

令两柱抗力一致，则

$$P_{f_{AB}} = P_{f_{CD}} = 1.30 \times 10^{-3}$$

得

$$\beta_{AB} = \beta_{CD} = 3.01$$

已给出可靠度指标 β，现只需确定达到此可靠度的结构抗力设计值。每个构件的极限状态函数为

柱：
$$g(R_{AB}) = R_{AB} - \left(\frac{W}{2}H\right) = R_{AB} - 500k \cdot f_f$$

且 $R_{AB} = R_{CD}$，R_{AB} 为柱 AB 弯矩承载力，则

$$g(R_{BC}) = R_{BC} - \left(\frac{SL}{4}\right) = R_{BC} - 600k \cdot f_f$$

R_{BC} 为梁 BC 的弯矩承载力，由于线性函数，对于柱 AB 有

$$\beta_{AB} = \frac{-500 + \mu_{AB}}{\sqrt{\sigma_{AB}^2}} = \frac{-500 + \lambda_{AB} \cdot R_{n_{AB}}}{\sqrt{(v_{AB} \cdot \lambda_{AB} \cdot R_{n_{AB}})^2}} = 3.01$$

得

$$R_{n_{AB}} = R_{n_{CD}} = 729 \text{ N} \cdot \text{m}$$

对于梁 BC 有

$$\beta_{BC} = \frac{-600 + \mu_{BC}}{\sqrt{\sigma_{BC}^2}} = \frac{-600 + \lambda_{BC} \cdot R_{n_{BC}}}{\sqrt{(v_{BC} \cdot \lambda_{BC} \cdot R_{n_{BC}})^2}} = 4.65$$

得

$$R_{n_{BC}} = 1\ 592 \text{ N} \cdot \text{m}$$

习　　题

1. 考虑钢筋混凝土梁的极限方程

$$g = A_S F_Y\left(d - 0.59\frac{A_S F_Y}{f'_e b}\right) - [D - L]$$

公式中的随机变量在表中列出:

参数	均值	变异系数/%	分布
f'_e	3 750 kPa	12.5	正态
F_y	42.5 MPa	11.5	对数正态
D	100 kN·m	10.5	正态
L	200 kN·m	17.5	极值 I 型

其他参数 $b = 15$ m, $d = 24$ m, $A_S = 8$ m^2,利用矩阵法计算失效概率。

2. 某简支梁的长度为 12 m,受到跨中恒载荷和活载荷(二者均匀作用于梁)。载荷数据见表。梁弯矩承载力的均值为 100 kN·m,变异系数为 13%。试计算梁的失效概率(假设所有的随机变量都是随机分布,而且是不相关的)。

载荷	均值/(kN·m)	变异系数
恒载荷	3 750	0.1
活载荷	42.5	0.2

3. 某一极限状态函数为

$$g(X,Y) = 3Y - X$$

X 满足极值 I 型分布,Y 是对数分布。其中,X 的均值为 24 且协方差为 0.15。Y 的均值为 12.5 且协方差为 0.125。利用矩阵法计算可靠度指标。

4. 某一极限状态函数为

$$g = \frac{R}{Q} - 1$$

式中,R 和 Q 均为对数随机变量。这两个变量是相互独立的,可靠度指标为

$$\beta = \frac{\mu_{\ln R} - \mu_{\ln Q}}{\sqrt{\sigma_{\ln R}^2 + \sigma_{\ln Q}^2}} \approx \frac{\ln\left(\dfrac{\mu_R}{\mu_Q}\right)}{\sqrt{V_R^2 + V_Q^2}}$$

试根据验算点法推导上式 β 的表达式。

第 5 章

碳纤维与复合材料性能的离散性关联分析

众所周知,单一材料通常难以很好地满足工程应用的要求,现在材料工程提供了两种或两种以上的材料进行复合的工艺手段,使得人们有可能根据具体的工程应用要求来设计复合材料。实践中,通过改变复合材料的组分与其几何分布形态就可以预测其宏观性能,从而建立合理的细观力学模型,分析和计算复合材料各组成相的力学性能、几何形状、分布参数与复合材料宏观力学性能之间的关系,为复合材料的设计提供理论依据,优化其力学性能,也是复合材料设计研究的重要内容。本章主要阐述碳纤维与复合材料性能的离散性关联分析。

复合材料宏观力学性能的理论预测是对复合材料及其结构一体化优化设计的基础,复合材料力学性能预测包括刚度参数和强度参数的预测,到目前为止,对于复合材料刚度参数的预测已经有很多成熟的理论和方法,然而对于强度参数的预测仍然是一个难题,主要是因为复合材料的破坏是一个很复杂的过程,强度预测是一个细观损伤的累积过程,而且复合材料的强度不仅取决于其组分如纤维、基体及界面的种类和性能,还取决于纤维的铺设方式、体积分数、纤维／基体界面的协调等细观结构性质,其强度不可能用其组分的强度平均得到。

因此在建立预测复合材料的强度模型时需要考虑两方面的因素,一是组分材料的性能,尤其是纤维的强度,往往具有较大的统计离散性,正是由于这种离散性导致材料的破坏过程十分复杂,已经断裂的纤维无疑将影响尚未断裂纤维的完整性,这种相互作用正是导致复合材料细观强度模型的复杂所在;二是在外载作用下,较弱的纤维率先发生破坏后,复合材料内部应力场的重分布,即载荷传递特性,都将影响复合材料的宏观强度大小及分布。

5.1　常用统计术语

5.1.1　区间估计

（1）A 基准值：在 95% 置信度下，具有 99% 的生存概率的单侧区间参数估计值。

（2）B 基准值：在 95% 的置信度下，具有 90% 的生存概率的单侧区间参数估计值。

（3）置信区间：置信区间按下列三者之一进行定义：

$$p(a < \theta) \leqslant 1 - \alpha \qquad (5.1)$$

$$p(\theta < b) \leqslant 1 - \alpha \qquad (5.2)$$

$$p(a < \theta < b) \leqslant 1 - \alpha \qquad (5.3)$$

式中，$1 - \alpha$ 称为置信系数。式（5.1）或式（5.2）的描述称为单侧置信区间；式（5.3）的描述称为双侧置信区间；对于式（5.1），a 为下置信限；对于式（5.2），b 为上置信限；置信区间内包含参数 θ 的概率，至少为 $1 - \alpha$。

（4）组分：通常指一个大组合的元素，针对碳纤维增强复合材料，指的是纤维、基体、界面相。

（5）母体：有待对其进行推断的一组测量值，或在给定实验条件下可获得的所有可能的测量值，为了对一个母体进行推断，通常需要假设其分布形式，所假设的分布形式也可视为母体。

（6）样本：取自指定母体的测量值的集合。

（7）离散系数：样本标准差与样本平均值之比。

（8）母体平均值：给定母体的所有可能的测量值按其在母体中出现的相对频率加权后得出的平均值，也是当样本大小增加时样本平均值的极限。

（9）样本平均值：一个样本中所有观测值的平均值，是母体平均值的一个估计值，如果用 $x_1, x_1, \cdots, x_n$ 表示一个样本中的 n 个观测值，那么样本平均值可定义为

$$\bar{x} = \frac{x_1 + x_2 + \cdots + x_n}{n} \qquad (5.4)$$

5.1.2　离差统计量

离差统计量主要包括样本方差和样本标准差，其定义如下。

（1）样本方差：样本观测值与样本平均值之差的平方和除以 $n - 1$，其中 n 表

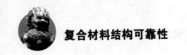

示样本大小,即

$$s^2 = \frac{(x_i - \bar{x})^2}{n - 1} \qquad (5.5)$$

(2) 样本标准差:样本方差的平方根,通常用 s 表示。

5.1.3 概率分布

(1) 概率分布:给出某个值落在指定区间内的概率的公式。

(2) 双参数 Weibull 分布:一种概率分布,按此分布从某一母体中随机选取的一个观测值落在 a 与 $b(0 < a < b < \infty)$ 之间的概率,由下式给出:

$$\exp\left[-\left(\frac{a}{\alpha}\right)^{\beta}\right] - \exp\left[-\left(\frac{b}{\alpha}\right)^{\beta}\right] \qquad (5.6)$$

式中,α 为尺度参数,β 为形状参数。

(3) Gauss 分布:一类双参数 (μ, σ) 的概率分布,按此分布某个观测值落在 a 与 b 之间的概率,由下列曲线下 a、b 之间的面积给出。

$$f(x) = \frac{1}{(\sqrt{2\pi}) \exp\left[-\left(x - \frac{\mu}{\sqrt{2}\,\sigma}\right)^2\right]} \qquad (5.7)$$

参数为 (μ, σ) 的 Gauss 分布的母体平均值为 μ,方差为 σ^2。

(4) 对数 Gauss 分布:一种概率分布,按此分布从某一母体中随机选取的一个观测值落在 a 与 $b(0 < a < b < \infty)$ 之间的概率,由 Gauss 分布曲线下 $\ln a$ 与 $\ln b$ 之间的面积给出。

5.1.4 概率函数

(1) 累积分布函数:通常用 $F(x)$ 表示的一个函数,给出一个随机变量落在任意给定的两个数之间的概率,即

$$P_r(a < x \leqslant b) = F(b) - F(a) \qquad (5.8)$$

这种函数具有非降性并满足

$$\lim_{n \to \infty} F(x) = 1$$

累积分布函数 F 与概率密度函数 $f(x)$ 通过下式相联系:

$$f(x) = \mathrm{d}F(x)/\mathrm{d}x$$

同时假定式中 $F(x)$ 是可微的。

(2) 概率密度函数:一种函数,对于所有的 x 且 $\int_{-\infty}^{+\infty} f(x)\,\mathrm{d}x = 1$,由概率密度函数按式(5.8)确定累积分布函数 $F(x)$:

$$F(x) = \int_{-\infty}^{x} f(t)\,\mathrm{d}t \qquad (5.9)$$

5.2　基于蒙特卡罗方法的纵向拉伸强度预测

5.2.1　蒙特卡罗模拟方法

蒙特卡罗模拟又称统计模拟法或随机抽样法,是随机模拟方法中最常用的一种,以概率和统计理论方法为基础,将所求解的问题同一定的概率模型相结合,借助于计算机实现对问题的统计分析,进而获得问题的近似解。

蒙特卡罗理论的基本思想是:针对所求解的问题出现的概率,建立出一个近似的概率模型,利用假定的实验得到抽样值,通过对抽样值进行统计处理,进而得到问题的解。利用蒙特卡罗模拟方法,不仅可以处理随机性问题,而且可以处理确定性问题,针对随机性问题,其本身具备概率的性质,只要所构造的概率模型能够正确描述问题出现的概率,则所得到的解便是正确的。

利用蒙特卡罗模拟进行分析的主要步骤:

(1)构造所求问题中所含随机变量的概率模型。

(2)计算模型中所含参数的统计特征,准确建立随机变量的统计特征。

(3)将模型代入性能参数表达式,得到问题的随机值。

(4)建立结构零部件的参数化有限元模型,将外载应力与模型中所得到的强度随机值进行比较,建立宏观结构的概率分析模型,得到问题的求解结果。

但是,利用蒙特卡罗模拟处理问题时,需要得到大量的实验结果,只有得到足够多的实验结果,才能得到精确的模拟结果;随着计算机技术的高速发展,可以利用其高速的运转能力,快速而方便地实现所求解问题的虚拟实验分析,因此,蒙特卡罗模拟得到了越来越广泛的应用。

对于碳纤维增强复合材料(CFRP),由于其纵向拉伸断裂涉及非常复杂的损伤演化及积累过程,同时纤维的强度是一个随机变量,因此损伤演化实际上是一个随机变化过程。

如图5.1所示,CFRP在纵向拉伸载荷下的破坏模式比较特殊,每根纤维都断成很多碎段,这是因为界面和基体的应力传递作用导致纤维在断口附近的无效长度内又恢复为远场应力。由于问题的复杂性,利用有限元法还无法跟踪模拟材料的损伤演化过程。

目前来看,比较可行的方法是结合解析应力传递的分析过程,因此可以利用蒙特卡罗模型生成大量的纤维强度分布,逐渐模拟复合材料的破坏过程,最终确定复合材料的纵向拉伸强度。

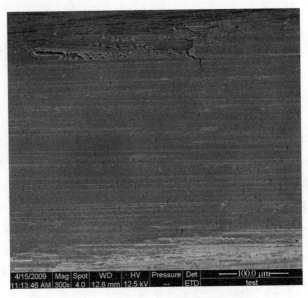

图 5.1　纵向拉伸纤维碎断 SEM 照片

5.2.2　纤维的链式模型

链式模型最早用来研究纤维单丝的强度,将长为 δ 的纤维看成由 m 个单位长的短纤维所串成,如图 5.2 所示。

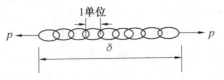

图 5.2　纤维的链式模型

一单位长的纤维相当于链条中的一节链,只要其中最弱(即缺陷最严重)的一节链破坏,纤维就会断裂破坏,由此确定纤维的强度,通过概率论分析结果为:长度为 L 的纤维的强度 σ 不超过某实数 σ_0 的概率(即在 σ 作用下,长度为 L 的纤维的破坏概率)是

$$P(\sigma \leqslant \sigma_0) = 1 - \exp\left[-\left(\frac{L}{L_0}\right)\left(\frac{\sigma}{\sigma_0}\right)^m\right] \tag{5.10}$$

这便是随机变量 σ 的概率 Weibull 累积分布函数,式中的特征参数 σ_0 和形状参数 m 为材料参数,由单丝拉伸实验确定。

1. 复合材料中的应力传递

对于纤维增强复合材料来说,由于纤维的强度离散性较大,许多较弱的纤维在较低载荷下,甚至在加工过程中就已经断裂,纤维断口的 SEM 照片如图 5.3 所示,基于界面相和基体的应力传递作用,断裂纤维在远离断口的纵向仍然能够传递并承担载荷,同时由于应力集中的影响,断裂纤维周围的纤维将承担更大的应力。由此可以看出,复合材料的力学性能很大程度上依赖于纤维和基体之间的应力传递,因此,未断裂的纤维如何分担载荷成为强度预测的关键问题,若能准确确定断裂面附近的应力分布,就可以确定材料的损伤演化过程。

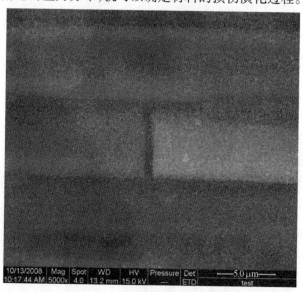

图 5.3　　纤维断口的 SEM 照片

　　纤维断口处的应力分布是一个比较复杂的力学问题,涉及基体的破坏、界面脱粘、界面摩擦等一系列的细观损伤模式,描述应力传递的方法主要有基于有限元的数值模拟和基于剪滞理论的解析法。利用有限元模型分析复合材料强度时将结构离散并通过数值方法得到近似解,具有强大的计算功能模块,尤其是商业用有限元软件,但该类软件提供给用户的是一个黑匣子,用户难以判断其分析的合理性;而采用理论模型可以通过适当的假设,使得分析过程比较明了,易于分析表面现象背后的力学本质而被广泛接受。因此,本节基于剪滞理论得到断口附近应力分布的解析解,并将理论编制成通用程序。

2. 剪滞模型

　　现有的模拟纤维/基体应力传递的理论主要有剪滞理论和 Cox 理论,这两个理论都将基体特性假设为理想线弹性与完整基体、纤维/基体界面,具体来说,该理论的主要假设为:①纤维仅仅承担轴向载荷;②纤维之间的基体仅仅传递剪切载荷。该方法取得了极大成功,后来在此基础上考虑到在复合材料的实际承载过程中,存在界面分离、纤维断裂、基体破裂等一系列形式及其对纤维/基体界面应力传递的影响,Fichter Van Dyke、范赋群等又做了大量的工作,更加接近实际情况。

  剪滞模型的原理相对简单,以二维问题为例,如图5.4所示,根据对称性,在断口对称点上建立直角坐标,假设断裂纤维纵向力为 p_1,临近完好纤维纵向力为 p_2,纤维宽度为 d,断裂纤维的纵向位移为 μ_1,临近完好纤维的纵向位移为 μ_2。以中间断裂纤维为对象,建立弹性力学基本方程。

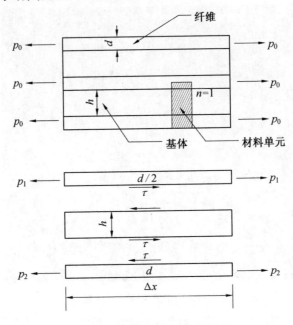

图5.4   剪滞模型原理图

平衡方程:

$$\frac{\mathrm{d}p_1}{\mathrm{d}x} - 2\tau = 0 \tag{5.11}$$

$$\frac{\mathrm{d}p_2}{\mathrm{d}x} + 2\tau = 0 \tag{5.12}$$

依据 Hooke 定律建立本构方程:

$$p_n = \frac{Edd u_n(x)}{\mathrm{d}x} \quad (n = 1,2) \tag{5.13}$$

$$\tau = \frac{G[u_2(x) - u_1(x)]}{h} \tag{5.14}$$

将本构方程代入平衡方程和边界条件,即可得到每根纤维的位移和轴向力,其中轴向力函数分布如下:

$$p_1 = p_0(1 - \mathrm{e}^{-\lambda\xi}) \tag{5.15}$$

$$p_2 = p_0\left(1 + \frac{e^{-\lambda\xi}}{2}\right) \tag{5.16}$$

上述简单的模型揭示了如何利用剪滞理论分析断裂纤维附近的应力分布问题。

然而，纤维之间存在界面相和树脂基体，当外载荷逐渐增加，在纤维断口附近可能出现如图 5.5 所示的两种损伤模式：界面相脱粘损伤、树脂断裂损伤。在实际材料中发生哪种损伤取决于两者之间的强度，当界面相剪切强度小于树脂剪切强度则发生界面摩擦引起界面应力，发生界面相损伤；反之，界面应力将导致基体开裂，留下很多裂纹，发生树脂损伤，使得复合材料的性能下降。

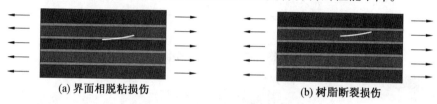

图5.5　断裂纤维裂纹扩展的两种模式

考虑界面相的三相复合材料细观力学模型分析其渐进损伤比较复杂，为了简化计算，本节采用简化模型将界面相和基体相的两相材料从力学角度等效为一种基体材料，称为等效基体，该等效基体在整体上同时具有界面相和原基体的综合性能，根据剪滞理论的特点，此时的等效基体主要传递剪切应力，等效基体的剪切模量通过体积混合法得到，即

$$G_1 = G_1 V_1 V_m \tag{5.17}$$

式中，V_1 为原界面相的体积；V_m 为原基体的体积。

在受到外载作用时，该等效基体在发生界面相脱粘损伤时，其剪切应力 – 应变关系将存在弹性阶段、损伤演化阶段和界面滑移阶段，如图 5.6 所示，利用分段函数表示为

$$\tau = \begin{cases} G_1\gamma & (\gamma < \gamma_d^i) \\ G_1\gamma_d^i - G_2^i(\gamma - \gamma_d^i) & (\gamma_d^i \leqslant \gamma \leqslant \gamma_f^i) \\ \tau_f & (\gamma \geqslant \gamma_f^i) \end{cases} \tag{5.18}$$

$$\tau_f = \mu_f^i(\sigma_{\text{residual}} + \sigma_{\text{poisson}}) \tag{5.19}$$

$$\sigma_{\text{posisson}} = E_m(v_m - v_{fLT})\varepsilon \tag{5.20}$$

式中，τ_f 为界面相滑动摩擦应力；μ_f^i 为界面相摩擦系数；σ_{residual} 为热残余应力引起的界面径向应力；σ_{poisson} 为泊松比不协调引起的径向压缩应力；G_1 为等效基体模量；G_2^i 为界面相的近似损伤演化剪切模量；γ_d^i 为剪切强度下对应的应变；γ_f^i 为界面脱粘应变。

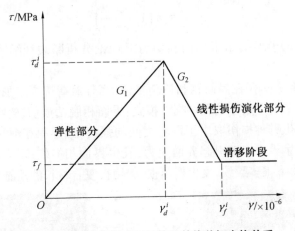

图 5.6　界面损伤模式下的等效基体剪切本构关系

根据剪滞模型,建立平衡方程为

$$\frac{\mathrm{d}p_1}{\mathrm{d}z} - 2\pi r\tau = 0 \tag{5.21}$$

$$\frac{\mathrm{d}p_2}{\mathrm{d}z} + 2\pi rK\tau = 0 \tag{5.22}$$

将式(5.18)代入式(5.21)和式(5.22),借助式(5.15)和式(5.16),得到断裂纤维和邻近纤维的位移微分控制方程为

$$\mu''_1 - 2f\left(\frac{\mu_1 - \mu_2}{h}\right)/(rE) = 0 \tag{5.23}$$

$$\mu''_2 - 2Kf\left(\frac{\mu_1 - \mu_2}{h}\right)/(rE) = 0 \tag{5.24}$$

若界面剪切强度大于树脂基体的剪切强度,断裂纤维对周围完好纤维之间的剪应力将导致树脂基体发生塑性损伤直到断裂,即树脂断裂损伤。针对该模式的损伤,利用式(5.17)将基体和界面等效成等效基体,该等效基体的剪切应力 – 应变关系存在三个阶段,即弹性阶段、树脂塑性硬化阶段和滑移摩擦阶段,如图 5.7 所示。

采用分段函数表示为

$$\tau = \begin{cases} G_1\gamma & (\gamma < \gamma_y^m) \\ G_1\gamma_d^m - G_2^m(\gamma - \gamma_d^m) & (\gamma_y^m \leqslant \gamma \leqslant \gamma_d^m) \\ \tau_f & (\gamma \geqslant \gamma_d^m) \end{cases} \tag{5.25}$$

$$\tau_f = \mu_f^m(\sigma_{\text{residual}} + \sigma_{\text{poisson}}) \tag{5.26}$$

$$\sigma_{\text{posisson}} = E_m(v_m - v_{fLT})\varepsilon \tag{5.27}$$

式中,τ_f 为树脂发生断裂破坏后的滑动摩擦应力;μ_f^m 为树脂发生断裂破坏后的滑动摩擦系数;σ_{residual} 为由于热残余应力导致的界面径向应力;σ_{poisson} 为由于机体和界面等泊松比不协调引起的径向压缩应力;G_1 为等效基体模量;G_2^m 为树脂基体的硬化剪切模量;τ_y^m 为树脂基体的屈服剪切强度;γ_y^m 为树脂基体的屈服剪切应变;τ_d^m 为树脂基体的最终剪切强度;γ_d^m 为剪切强度下对应的应变。

再根据剪滞理论建立平衡方程求解,将相应的界面相或基体的本构关系代入平衡方程,根据边界条件确定解的待定参数,即可得到断裂纤维周围的应力分布情况。

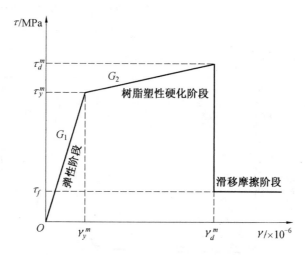

图 5.7　树脂损伤模式下的等效基体剪切本构关系

3. 无效长度

最早,Parratt 发现脆性纤维增强复合材料的拉伸破坏是由于基体中的纤维已经断裂成很短的部分,由于界面及基体强度的限制,其无法再承受更大的外加载荷而导致。在此实验基础上,Rosen 根据 Gucer 和 Gurland 提出的最弱环模型,首先将单向纤维增强复合材料沿纤维方向分成许多长度为 δ 的环,任意环的破坏都将导致复合材料的破坏,因此,复合材料的强度应该等于最弱环的强度,并且认为任意环的部分纤维破坏后,其余未破坏的纤维将均匀承受外载,在不考虑基体作用的情况下,任一环的强度分布即等于长度为 δ 的纤维束的强度分布,则 δ被称为无效长度,其物理意义是指纤维一处断裂后,纤维所承受的应力由零基本恢复至外加载荷所需的长度,在这样的模型中,基体起到传递载荷的作用。据实验结果统计,特征长度 δ 是纤维直径的 10 ~ 100 倍。由此可见,若没有基体,纤维一旦断裂,就不再存在的价值;而含有基体时,纤维断裂后,无效长度仅仅局限

于 δ 段,同时,由于 δ 的长度远小于纤维长度 L,从而使得复合材料具有较高的强度。

由此可见,无效长度的大小与复合材料中基体、纤维和界面的性能有非常紧密的联系。图 5.8 所示为树脂基体损伤断裂时纤维无效长度与加载应变之间的关系,可以看出,在采用蒙特卡罗模拟复合材料渐进损伤的过程中,当外载应变较小时,即 $\varepsilon < 0.002\ 51$ 的线弹性阶段,纤维无效长度几乎为定值,$L_i = 114.5\ \mu\mathrm{m}$;当基体出现塑性损伤时,即外载应变为 $0.002\ 51 \leqslant \varepsilon \leqslant 0.004\ 95$ 时,纤维无效长度逐渐由 $114.5\ \mu\mathrm{m}$ 增加到 $126.6\ \mu\mathrm{m}$;当外载应变较大时,即当基体处于 $\varepsilon \geqslant 0.004\ 95$ 的滑移摩擦阶段,纤维无效长度近似按照线性规律急剧增加,这主要由于滑移摩擦应力大小不一致,不同于界面相的损伤模式,两者各自的损伤演化阶段的应力传递不一样,从而导致了纤维无效长度不一样。

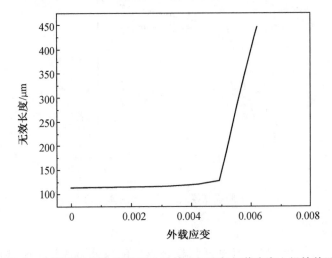

图 5.8　树脂基体损伤断裂时无效纤维长度与加载应变之间的关系

4.动态应力集中因子的算法

当复合材料中的某根纤维在外载荷作用下忽然断裂时,相当于施加了一脉冲载荷,因此,其周围的纤维将承担比依据准静态计算传递而来的大得多的载荷。为了分析在动态条件下,断裂纤维周围的纤维所承受的载荷,在剪滞理论的理想前提下,由于基体的作用,在每一个长度为无效长度的片段中的 m 根纤维,某一根纤维断裂后,其承受的载荷不会传递到所有未断纤维上,而是由周围纤维承受,即应力集中现象,又称负荷分配法则。

Lienkamp 等给出了局部载荷分配法则的三维模型,该模型是由断面内含 7 根纤维的六边形排列的复合材料,如图 5.9(a) 所示,其中一根纤维断裂时,其周围近邻的6根纤维的应力增强因子为 $K_r = 1 + 1/6$,但若有多根纤维断裂,则其分配法则如图 5.9(b)所示。断裂纤维的负荷由近邻纤维承受,但如果断裂纤维没有近邻纤维,则其负荷由截面内所有其他未断纤维平均分担,如图 5.9(c)所示。

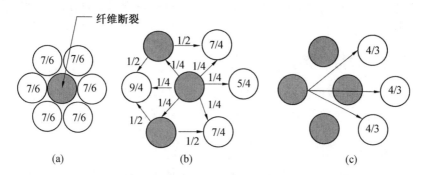

图 5.9　　应力集中因子 SCF

对于三维问题,Hedgepeth 给出的应力集中因子计算方法:在断裂纤维外层包含2根纤维时取 $K = 4/3$,4根纤维时取 $K = 1.146$,6根纤维时取 $K = 1.104$。

王彪等给出了应力集中因子的计算公式,针对图 5.10 所示的密排六方排布的复合材料,其各层纤维的应力集中因子为

$$K_m = 1 + 1/[3m(4m^2 - 1)] \tag{5.28}$$

式中,m 为断裂纤维外层的层数(图 5.10),代入层数值即可得到各层的应力集中因子,见表5.1。从表5.1可以得到:由于断裂纤维对第二层以外的纤维的影响已经很小,因此本书只考虑纤维对最近一层临近纤维的影响。

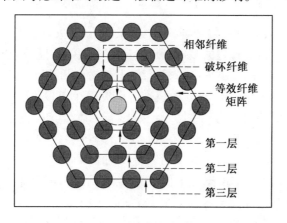

图 5.10　　密排六方结构断裂纤维附近的纤维层数

表 5.1   断裂纤维附近各层纤维的应力集中因子

m	1	2	3	4
K	10/9	91/90	316/315	757/756

采用上述两种方法分析了复合材料的纵向拉伸强度,通过比较发现两种方法预测得到的结果相差无几,因此在编写程序时采用了王虓等人的方法。

5.2.3 蒙特卡罗模拟程序设计

在采用蒙特卡罗模拟时,为了模拟按照 Weibull 分布的纤维强度即纤维单丝的拉伸强度,服从二参数 Weibull 分布,其分布函数为

$$P_f(\sigma, L) = 1 - \exp\left[-\left(\frac{L}{L_0}\right)\left(\frac{\sigma}{\sigma_0}\right)^m\right] \tag{5.29}$$

式中,σ_0 为长度为 L_0 的纤维特征强度;m 为形状参数,描述强度的统计分布特征。

根据式(5.18)反推得到纤维单丝的拉伸强度为

$$\sigma = \left(\frac{L_0}{L}\right)^{1/m}\left[-\ln(1-P)\right]^{1/m} \tag{5.30}$$

式中,P 为 0 ~ 1 的随机数。

首先在 0 ~ 1 产生一组随机数,通过式(5.28)得到纤维强度符合 Weibull 分布的随机强度值,并将该分布附在单向板纤维束模型中,施加纵向拉伸载荷,当载荷达到一定值时,部分纤维将发生断裂,如图 5.9 所示。通过剪滞模型得到断裂纤维附近的应力分布,随着载荷的进一步增加,纤维继续发生断裂和碎断,直至最终破坏。

在模拟过程中,假设断裂纤维的长度局限于一个失效长度 δ,而应力集中则仅限于相邻纤维。断裂过程的基本思想是当一个失效长度内的所有纤维都断裂时,样品才断裂。首先,在截面有 m 根纤维、长度为 $n\delta$ 的模型中,纤维段的总个数为 $m \times n$ 个,然后将每个 Weibull 随机数分配给每个链段,这代表每个链段的强度,记为 $X(i,j)$;链段的应力集中因子记为 $\mathrm{SCF}(i,j)$,其初始值赋为1。具有最小的 $X(i,j)/\mathrm{SCF}(i,j)$ 的链段被认为在 $X(i,j)/\mathrm{SCF}(i,j)$ 下断裂。如果这个链段断裂,则发生应力重新分配,因为这个相邻链段的 $\mathrm{SCF}(i,j)$ 值发生了变化,根据负荷分配法则计算相应的 $SCF(i,j)$ 值。这样再找到未断纤维中的最小的 $X(i,j)/\mathrm{SCF}(i,j)$ 链段,这个链段又接着断裂,如此不断循环就可以模拟纤维的断裂过程,从而找到单向复合材料的纵向拉伸强度,其流程图如图 5.11 所示。

针对碳纤维的纵向拉伸强度服从 Weibull 统计分布,变换式(5.30)通过选取随机数反向得到大量纤维的强度分布。

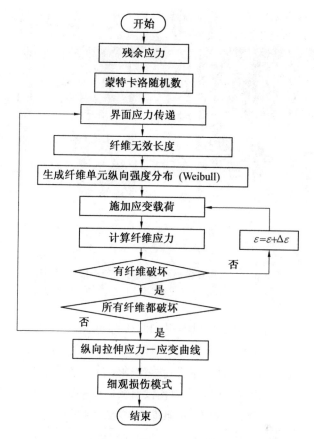

图 5.11　单向板纵向拉伸载荷下的渐进损伤分析流程图

针对碳纤维增强复合材料体系,界面相的力学性能不容忽视,针对 T300/ 环氧复合材料体系,由文献中给出的界面相剪切强度为 42 MPa,小于树脂的塑性剪切强度,因此在分析中,采用界面相损伤模式的应力传递分析模型。在模拟过程中,选择的代表性体积元为纤维单丝数量为 55。以 55 根碳纤维单丝的复合材料为分析研究对象,在碳纤维的纵向按照 Weibull 概率模型分配纤维强度,然后在碳纤维纵向施加应变载荷,根据动态应力集中因子分配每根纤维承受的载荷,当外载荷大于纤维本身的强度时,该纤维发生断裂;由于每根纤维的强度值是不一样的,因此较弱的纤维在较低载荷下就发生了断裂,并且在断裂处发生了应力分布,纤维附近的有效长度也随之变化,对应的纤维特征长度也发生改变,随着外载荷的增加,上述步骤重复进行,直到最终复合材料内的纤维全部断裂而失去承载力,此时对应的最大应力即为复合材料的纵向拉伸强度,该过程对应的模拟软件程序如图 5.12 所示。

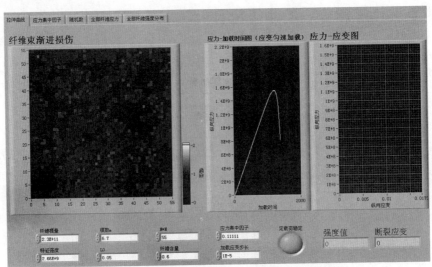

图 5.12 单向复合材料纵向拉伸渐进损伤模拟软件

5.2.4 算例

为了验证上述程序对复合材料纵向拉伸强度预测结果的准确程度,分别针对三种不同的复合材料体系,即 T300/ 环氧(组分性能参考文献数据)、CCF/ 环氧 5228、CCF/ 双马 5428 三种体系进行多次预测,其中组分性能的热力学性能参数见表 5.2 ~ 5.4(括号内的数值表示目前没有实验或手册数值,均为假定数值)。

表 5.2 碳纤维热力学性能参数

参数	T300	CCF
纤维半径 $r_f/\mu m$	3.53	3.56
纵向拉伸模量 E_{f_L}/GPa	230	250
横向拉伸模量 E_{f_T}/GPa	15	(15)
纵横剪切模量 $G_{f_{LT}}/GPa$	15	(15)
横向剪切模量 $G_{f_{TT}}/GPa$	7	(7)
纵横(主)泊松比 $\nu_{f_{LT}}$	0.20	(0.20)
横向(次)泊松比 $\nu_{f_{TT}}$	0.07	(0.07)
纵向热膨胀系数 $\alpha_{f_L}/(\times 10^{-6}{}^{\circ}C^{-1})$	− 0.7	(− 0.7)
横向热膨胀系数 $\alpha_{f_T}/(\times 10^{-6}{}^{\circ}C^{-1})$	12	(12)
密度 $\rho_f/(kg \cdot m^{-3})$	1 760	1 750
特征长度 δ_c/mm	50	30
Weibull 模数 m	6.7	5.21
特征强度 σ_c/GPa	2.66	2.74

表 5.3　基体的热力学性能参数

参数	环氧	环氧 5228	双马 5428
拉伸模量 E_m/GPa	4.0	3.5	3.5
剪切模量 G_m/GPa	1.48	(1.30)	(1.30)
泊松比 ν_m	0.35	(0.35)	(0.35)
拉伸强度 X_{m_t}/MPa	75	86	78
压缩强度 X_{m_c}/MPa	150	(150)	(150)
剪切强度 S_m/MPa	70	(80)	(70)
热膨胀系数 α_m/$(\times 10^{-6}\ ℃^{-1})$	55	(55)	(55)
密度 ρ/$(kg \cdot m^{-3})$	1 260	1 260	1 260

表 5.4　界面相热力性能参数(内聚力单元)

界面相参数	T300/ 环氧	CCF/ 环氧 5228	CCF/ 双马 5428
界面相厚度 d_i/nm	100	160	120
体积分数 V_i/%	3.478	(3.478)	(3.478)
正向模量 K_{nm}/GPa	8.30	5	10
切向模量 $K_{ss} = K_{tt}$/GPa	3.53	5	10
泊松比 ν_i	0.176	(0.176)	(0.176)
界面剪切强度 $X_{ss} = X_{tt} = X_{nm}$/MPa	42.0	80.6	125.1
热膨胀系数 α_i/$(\times 10^{-6}\ ℃^{-1})$	28.34	2.7	2.7
密度 ρ_i/$(kg \cdot m^{-3})$	1 260	1 260	1 260
滑移摩擦系数 μ_f^i	0.32	(0.32)	(0.32)

　　复合材料体系预测结果与实验／手册值比较见表5.5,通过比较可以发现,预测值与实验值的误差几乎在5％以内,可以利用该模拟程序有效预测单向复合材料的纵向拉伸强度。

表 5.5　复合材料体系预测结果与实验／手册值比较

复合材料体系	预测值	实验／手册值	误差 /%	说明
T300/ 环氧	1.55	1.50	2.67	误差在 5％ 以内
CCF/5228	1.70	1.76	3.41	界面参数不全
CCF/5428	1.88	1.99	5.5	界面参数不全

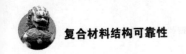

5.3　复合材料的强度分布

对于碳纤维增强复合材料来说,主要是碳纤维单丝拉伸性能的离散性,导致了复合材料的强度数据表现出很大的离散性。因此,为了更好地了解复合材料的强度性能,便于设计应用,需要用适当的统计方法来处理碳纤维单丝力学性能与复合材料拉伸性能之间的关系。

同时,考虑到复合材料实验的成本要求,不可能对所有材料(不同纤维含量、不同叠层等)都做大量的实验测定,因而常采取预先"假设"服从某种分布的做法。目前,常用描述复合材料强度的分布函数主要有 Gauss 分布和 Weibull 分布两种形式,本章分别采用这两种分布形式对模拟得到的复合材料强度进行拟合分析。

5.3.1　强度基准值样本大小的确定

材料基准值又被称为材料性能,这些性能值对理解表征材料与工艺常数提供了一定的技术支持,但是基准值呈现出一定的随机性,即使材料、环境条件及实验状态保持不变,基准值的大小也呈现出一定的变化,因此将其作为材料评估也只是一种近似的做法。

但是,如果计算是基于足够多的数据,基准值必定能在工程精度内在类似的数据组中重复,而在实际工程中,不可能拥有足够多的数据进行统计归纳,而经常采用小样本进行分析,采用不同的统计模型得到对应的特征参数,从而分析材料的基准值。

然而,依据小样本选取模型时存在非常大的不确定性,进而影响基准值的稳定性,其中包括:①采用近似数据抽样分析母体的统计模型;②预算的重复程度;③被测量性能的变异性;④由实验方法引起的性能测量值的差异。因此,无法给出严格的建议,需要考虑与样本大小有关的统计模型及假设对基准值的影响。

针对复合材料强度的分布主要有 Weibull 分布、Gauss 分布、对数 Gauss 分布等形式,其对应的特征参数见表5.6。

为了分析碳纤维单丝离散性的大小对复合材料强度的影响,利用第4章得到的实验结果,固定尺度参数 $\sigma_0 = 2.72$ GPa,分别针对不同的 m 值对单向复合材料纵向拉伸强度进行模拟。当碳纤维单丝拉伸强度离散程度确定后,即给定一个 m 值,首先利用 Matlab 程序生成一个在区间[0,1]之间的随机数,针对每一个随机数,利用式(5.17)得到对应的纤维强度,根据5.3.4节的模拟程序,对每一个 m 值均重复利用程序模拟50次。

表 5.6　　不同概率分布及特征参数

分布形式	C_1	C_2
Weibull	尺度参数	形状参数
Gauss	平均值	标准偏差
对数 Gauss	数据自然对数的平均值	数据自然对数的标准偏差
非参数	秩	数据点（秩）
ANOVA	容限系数	母体标准偏差的估计值

得到复合材料的纵向拉伸强度后,分别利用 Weibull 分布、Gauss 分布两种概率函数对所得的复合材料强度预测结果进行拟合分析。

5.3.2　Weibull 统计分布

首先,传统的 Weibull 统计模型是从串联模型出发,即

$$P_f(\sigma) = 1 - \exp\left[-\left(\frac{\sigma - \sigma_\mu}{\sigma_0}\right)^m\right] \tag{5.31}$$

式中,σ_u 为位置参数;σ_0 为尺度参数;m 为形状参数。

式(5.31) 的形式对符合串联模型的问题(任何环节中有事件发生,则意味着整个链条中有事件发生) 带来了极大的方便,使得 Weibull 分布在工程领域得到了广泛应用。

针对碳纤维单丝形状参数的不同,采用图 5.11 所示的蒙特卡罗流程预测复合材料的纵向拉伸强度,利用传统的 Weibull 分布函数分析其统计特点,其结果如图 5.13 所示。

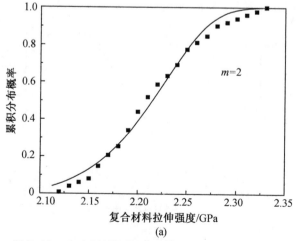

(a)

图 5.13　复合材料拉伸强度的 Weibull 分布拟合结果

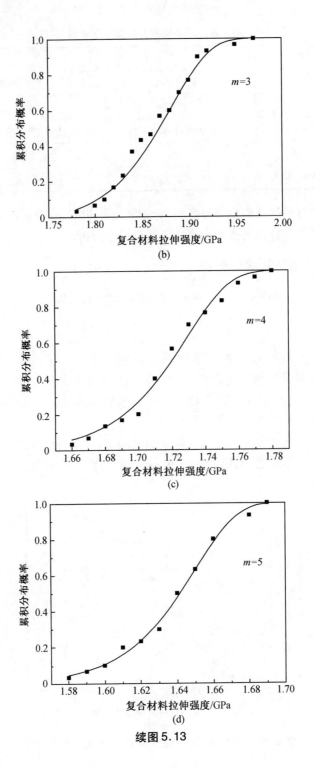

续图 5.13

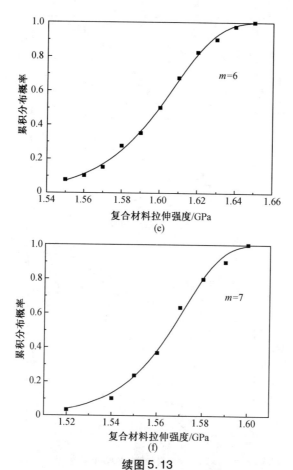

续图 5.13

同时,为了说明复合材料中存在的符合并联模型的情况,如纤维与纤维、纤维与基体及叠层中各单层的并联等,万传寅等提出了改进的 Weibull 分布,假设各个单元独立工作的强度均服从修正的 Weibull 模型,即破坏概率为

$$P_{f_i}(\sigma \leqslant \sigma_i) = \exp\left\{-\left[\frac{\sigma - \sigma_\mu}{\sigma_0}\right]^m\right\} \tag{5.32}$$

式中,$i = 1, 2, \cdots, m$ 表示单元,当这些单元并联起来成为一个整体时,个别单元的破坏不会导致整体的破坏,只有所有单元都破坏时,整体才破坏。自然,这里的"破坏"是指最后断裂,相应于极限强度,而不含某种特定损伤的失效,所以得到理论上整体的破坏概率,即修正的 Weibull 分布函数为

$$P_f(\sigma) = \begin{cases} \exp\{-[(\sigma - \sigma_\mu)/\sigma_0]^m\} & (\sigma \leqslant \sigma_\mu) \\ 1 & (\sigma > \sigma_\mu) \end{cases} \tag{5.33}$$

同样采取修正的 Weibull 分布函数对所预测的强度进行拟合,其结果如图 5.14 所示。

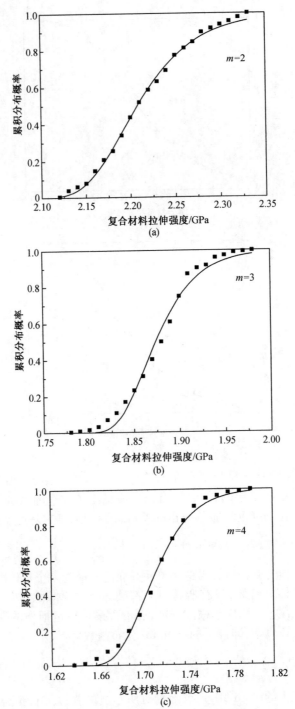

图 5.14　复合材料拉伸强度的修正 Weibull 概率分布拟合结果

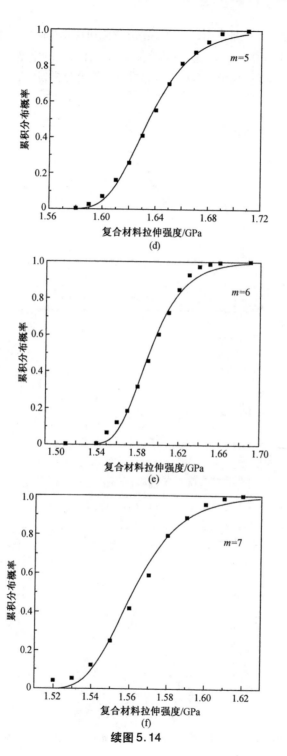

续图 5.14

一般来说,如果一个量是由许多微小的独立随机因素影响的结果,根据中心极限定理可以认为这个量具有 Gauss 分布的特征;因此,针对碳纤维增强复合材料的强度离散性统计分析,同样也采用了 Gauss 分布进行了拟合分析,其结果如图 5.15 所示。

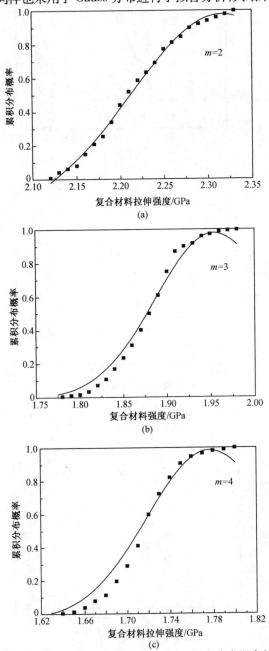

图 5.15　复合材料拉伸强度的 Gauss 概率分布拟合结果

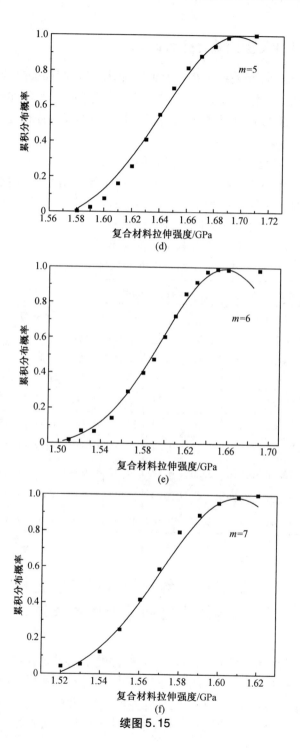

续图 5.15

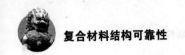

5.3.3 各种类型的统计分布比较

一般认为,当线性相关系数 R 大于 0.9,即认为符合 Weibull 分布或 Gauss 分布,通过比较发现,不论采用 Weibull 拟合还是采用 Gauss 拟合,相关系数 R 都接近于 1;当采用传统的 Weibull 分布拟合复合材料拉伸强度分布时,也就是两参数 Weibull 累积分布函数,取位置参数 $\sigma_\mu = 0$。

由表 5.7 可以看出,随着纤维单丝拉伸强度分布参数 m 的增大,对应复合材料的尺度参数降低,对应 Gauss 分布的强度均值也降低,随着 m 的增大,对应复合材料强度分布的形状参数呈现增大趋势,对应 Gauss 分布的 CV 值呈现下降趋势;而利用万传寅等改进的 Weibull 分布函数拟合时,没有这一规律。可以认为,随着纤维强度离散性的降低,复合材料强度的离散性也降低。

表 5.7 复合材料的拉伸强度分布

修正 Weibull											
Weibull 分布						Gauss 分布					
纤维单丝 m	尺度参数 σ_0	形状参数 m	相关系数 R	位置参数 σ_μ	尺度参数 σ_0	形状参数 m	相关系数 R	强度均值 σ_c	均方差	CV 值	相关系数 R
2	2.23	49.23	0.993	4.51	2.23	52.95	0.999	2.32	0.21	0.09	0.999
3	1.89	62.61	0.999	3.96	2.10	68.36	0.995	1.95	0.13	0.07	0.998
4	1.73	72.44	0.998	2.14	0.44	17.91	0.998	1.78	0.11	0.06	0.996
5	1.65	72.18	0.996	2.20	0.58	24.97	0.999	1.7	0.11	0.06	0.998
6	1.60	79.31	0.999	2.41	0.83	35.98	0.997	1.66	0.12	0.07	0.994
7	1.57	86.41	0.998	2.44	0.88	49.32	0.996	1.61	0.08	0.05	0.998

5.4 碳纤维单丝拉伸强度与复合材料 拉伸强度之间的离散性关联

通过表 5.7 的比较可知,纤维单丝离散性的不同对复合材料强度的大小和离散程度都有一定的影响。因此,为了进一步详细分析碳纤维拉伸强度离散性、Weibull 分布中各参数对复合材料拉伸强度的影响,将表 5.7 中各参数之间的关系分别采用图示分析,分别分析碳纤维单丝的各特征参数对复合材料对应的概率分布中各参数的影响。

5.4.1　碳纤维单丝拉伸强度的形状参数与复合材料拉伸强度之间的关系

碳纤维单丝拉伸强度服从参数 Weibull 分布,即取 $\sigma_\mu = 0$,由 Weibull 概率分布的特点可知,随机数离散性的大小仅与形状参数 m 有关,而尺度参数与强度的大小有关,因此,为了分析离散性对复合材料拉伸强度离散性的影响,采取固定尺度参数 $\sigma_0 = 2.72$ GPa,变化形状参数 m 的方法分析碳纤维单丝离散性对复合材料拉伸强度和离散性的影响。

表 5.8 为前面模拟得到的复合材料强度 σ 与碳纤维单丝形状参数 m 之间的关系,其中复合材料强度值 σ 对应的是给定单丝拉伸强度 Weibull 分布的 m 值,利用蒙特卡罗程序模拟 50 次所得的平均值。

表 5.8　复合材料强度 σ 与碳纤维单丝形状参数 m 之间的关系

m	2	2.5	3	3.5	4	4.5	5	5.5	6	6.5	7
σ	2.32	2.06	1.81	1.81	1.74	1.69	1.66	1.63	1.61	1.59	1.58

通过表 5.8 可以看出,复合材料的平均强度明显依赖于纤维拉伸强度的离散程度,即随着碳纤维单丝离散性的降低,复合材料拉伸强度也逐渐减小。当 $m < 5$ 时,即纤维拉伸强度的离散性较大时,复合材料拉伸强度降低比较快;当 $m > 5$ 时,复合材料拉伸强度值降低较缓慢;当 m 从 5.5 增加到 7 时,复合材料拉伸强度的大小仅降低 3.07%。

将碳纤维单丝拉伸强度 Weibull 分布的 m 值与复合材料拉伸强度二者之间的关系采用图 5.16 表示,可以明显看出,当 $m < 4.5$ 时,随着 m 值的增大,复合材料拉伸强度值急剧减小;当 $m > 5$ 时,复合材料拉伸强度值降低较小;将二者之间

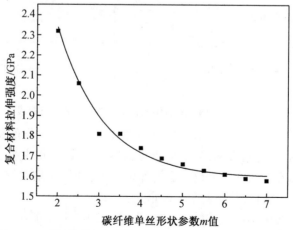

图 5.16　碳纤维单丝形状参数 m 对复合材料拉伸强度的影响

的关系采用不同的函数拟合,通过比较发现,二者之间的关系采用幂指数分布时,相关系数 R 大于 0.9,二者吻合得较好。

为了进一步分析碳纤维单丝拉伸强度离散性的大小与复合材料最终强度大小之间的关系,下面分别给出 $m=2$ 和 $m=7$ 时,碳纤维单丝拉伸强度 Weibull 概率密度曲线和 Weibull 累积概率分布曲线,如图 5.17 和图 5.18 所示。

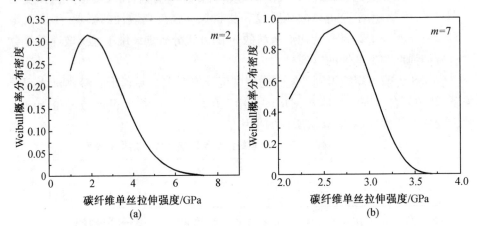

图 5.17　碳纤维单丝拉伸强度的概率分布曲线

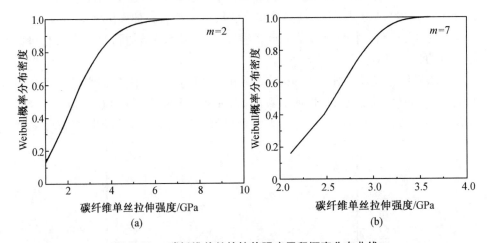

图 5.18　碳纤维单丝的拉伸强度累积概率分布曲线

由图 5.17 可以看出,当形状参数较小时,相对于 Gauss 分布来说,Weibull 分布相对右偏,即在右边有较长的尾巴;当形状参数较大时,则左偏,即在左边有较长的尾巴;因此,在考察概率密度函数分布的对称性时,常采用偏度系数来分析,其中针对 Weibull 分布,其偏度系数的定义为

$$\text{Skewness} = \left[\Gamma(1 + 3/m)\sigma_0^3 - 3AB^3 - A^3 \right] / \sigma^3 \tag{5.34}$$

式中，$A = \sigma_0 \Gamma \left(1 + \dfrac{1}{m} \right)$；$B = \sqrt{\sigma_0 \Gamma \left(1 + \dfrac{2}{m} \right) - A^2}$。

因此，若让 Weibull 概率密度函数呈现对称性，需要使其偏度系数为零，即

$$\Gamma \left(1 + \frac{3}{m} \right) \sigma_0^3 - 3AB^3 - A^3 = 0 \tag{5.35}$$

采用 Matlab 中的 fzero 函数，求解式（5.35），得到 $m = 3.602$，即当 Weibull 分布中的形状参数 $m = 3.602$ 时，此时的 Weibull 分布与 Gauss 分布函数的图形是对称的，都呈现出无偏性。

由图 5.17 和图 5.18 可以看出，当 $m = 2$ 时，碳纤维单丝拉伸强度的分布区间为 $[1.01, 9.78]$，并且呈现出明显的右偏性，即强度较大值出现的区间与较小值出现的概率相当，但极大值出现的概率也不可忽略；而 $m = 7$ 时，分布区间为 $[2.17, 5.22]$，极大值出现的区间远小于较小值出现的区间。因此，为了进一步分析单丝拉伸强度随着 m 的不同，强度区间的分布情况，将 $m = 2 \sim 7$ 的碳纤维单丝拉伸强度的区间分布进一步细分，见表 5.9。

表 5.9　碳纤维单丝拉伸强度的区间分布　　　　　　　　　　　　　　%

m 取值	［02］	［22.5］	［2.53］	［33.5］	［3.54］	> 4
$m = 2$	42	15	14	10	7	12
$m = 2.5$	37	19	16	13	8	7
$m = 3$	33	21	20	14	8	4
$m = 3.5$	28	25	23	15	7	2
$m = 4$	26	25	26	26	5	2
$m = 4.5$	22	27	30	16	4	1
$m = 5$	20	28	33	16	3	0
$m = 5.5$	17	29	36	16	2	0
$m = 6$	15	31	37	15	2	0
$m = 6.5$	13	34	40	14	1	0

由表 5.9 可以看出，当纤维拉伸强度的离散性较大时，强度出现较小值和较大值的概率都较大，尤其是当 $m = 2$ 时，尽管纤维强度出现较小值的概率也比较大，但纤维单丝拉伸强度大于 3.5 的概率接近于 20%；随着 m 值的增加，纤维拉伸强度出现最大值的概率也逐渐减低，当 $m = 7$ 时，纤维拉伸强度几乎没有出现大于 4 GPa 的情况。当 $m < 3.5$ 时，单丝拉伸强度超过 3.5 的概率偏大，几乎全大于 10%，使得复合材料的强度也偏大；但当 $m > 4$ 以后，单丝拉伸强度大于 4 的概率几乎为零；同时可以看出，随着 m 值的增加，强度值分布在区间 $[2.5, 3.5]$ 的概率

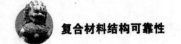

增加,逐渐由 24% 增加到 58% ,复合材料强度值处于稳定。

因此,当碳纤维单丝拉伸强度的离散性较大时,强度极大值出现的概率比较大,从而使得复合材料强度值偏大;而碳纤维离散性较小时,纤维强度分布比较集中,极大值和极小值出现的概率都很小,使得复合材料强度的值趋于定值。

为了分析碳纤维单丝拉伸强度的离散性对复合材料应力 - 应变关系的影响,分别取离散性较大的 $m = 2$ 和离散性较小的 $m = 7$ 进行比较,如图 5.19 所示,其中碳纤维单丝的尺度参数均取 $\sigma_0 = 2.72$ GPa。

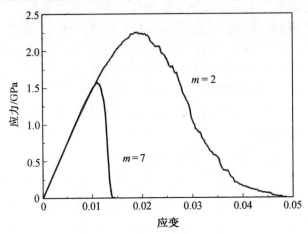

图 5.19　碳纤维单丝拉伸强度 m 值对复合材料本构关系的影响

由图 5.19 可以看出,在复合材料受到拉伸作用的最初阶段,即弹性阶段,m 值的大小并没有对复合材料的弹性模量造成明显的影响,两条曲线几乎是重合的;随着外载荷的增加,二者之间的应力应变关系发生了变化,当 m 值较小时,存在相对明显的屈服阶段,即当应力超过某一数值时,应力在很小的范围内波动,而应变增加较为明显,m 值较大时,几乎没有出现这一现象;当应力达到最大值以后,在 m 值较大时,复合材料的应力 σ 出现了急剧下降,而 m 值较小时,当其在应力达到最大值后,应力 σ 下降的速度较缓慢。

当然,在本书中,为了分析碳纤维拉伸强度的离散性对复合材料强度离散性的影响,针对 m 取值的不同,即离散性从大到小来预测复合材料的强度,当 $m = 2$ 时其拉伸强度的离散性非常大,属于极端算例,实际应用的碳纤维性能离散性达不到这么大;纤维离散性大会增大复合材料强度是本书计算结果,还需要进一步的实验验证工作。

对于复合材料来说,当采用 Weibull 分布进行统计分析时,对应概率分布的特征参数为形状参数和尺度参数,当采用 Gauss 分布时,对应的为均值和方差,图 5.20 为碳纤维单丝拉伸强度的 m 值对复合材料强度分布尺度参数的影响。

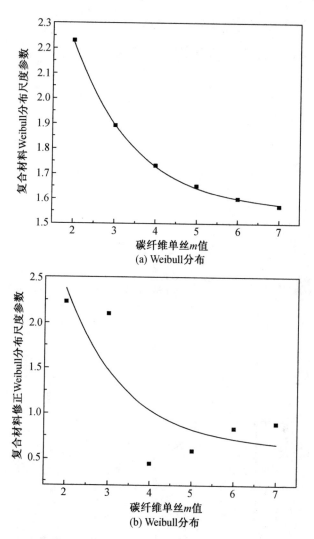

图 5.20　碳纤维单丝拉伸强度的 m 值对复合材料强度分布尺度参数的影响

　　由图 5.20 可以看出,随着碳纤维单丝拉伸强度的 m 值的增加,当复合材料强度按照 Weibull 分布时,对应复合材料的尺度参数呈现出与 Gauss 分布同样的趋势,即强度均值随着 m 值的增加呈现幂指数函数变化;而对于修正的 Weibull 分布来说,采用幂指数函数分析二者之间的函数关系时,相关系数 $R = 0.84$,相关性较低,可以认为纤维单丝的形状参数并没有对其尺度参数的均值呈现出规律性的变化,因此本书中不再考虑利用修正的 Weibull 分布模型分析复合材料纵向拉伸强度的概率分布。

　　为了分析碳纤维单丝拉伸强度的 m 值对复合材料离散性的影响,分别作出碳纤维单丝的 m 值与复合材料强度 Weibull 分布的形状参数和 Gauss 分布 CV 值之间的关系,如图 5.21 所示。

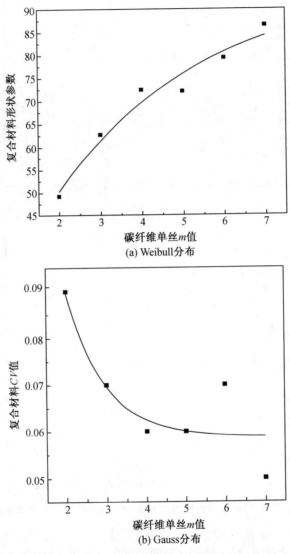

图 5.21　碳纤维单丝 m 值与复合材料强度分布中离散参数之间的关系

　　通过比较发现,当复合材料强度按照 Weibull 分布进行统计分析时,对应的形状参数与碳纤维单丝的形状参数 m 近似成幂指数分布,随着 m 的增加而增加,采用一次幂指数函数拟合时,相关系数 $R = 0.98$;而当按照 Gauss 统计分析时,对应的 CV 值呈下降趋势,二者的函数关系不明显,不论是采用幂指数分布还是 Gauss 等函数拟合二者之间的关系,其相关系数 R 在 0.8 左右。

　　总之,不论是采用传统的 Weibull 概率分布还是 Gauss 概率分布来分析复合材料强度,两种模型统计得到的复合材料强度的变化规律是一致的,即随着纤维单丝形状参数的增加,当采用 Weibull 概率分布分析复合材料强度时,对应的形状参数随之增加,Gauss 分布的 CV 值随之降低。

5.4.2　碳纤维拉伸强度尺度参数与复合材料强度之间的关系

当碳纤维单丝的拉伸强度服从 Weibull 分布时,为研究尺度参数对复合材料强度的影响,固定形状参数 $m=3$,分别采用不同的尺度参数,其尺度参数的分布区间定义为 $[2.56,5.72]$ GPa,采用蒙特卡罗模拟程序对复合材料的纵向拉伸强度进行预测,统计结果见表 5.10。

表 5.10　碳纤维单丝尺度参数与复合材料强度的关系

单丝拉伸性能(Weibull 分布)		复合材料强度 σ/GPa
形状参数 m	尺度参数 σ_0/GPa	
3	2.56	1.60
3	2.72	1.66
3	2.78	1.69
3	2.84	1.72
3	2.90	1.75
3	2.96	1.76
3	3.72	2.16
3	4.72	2.63
3	5.72	3.10

通过表 5.10 可以看出,当单丝拉伸强度的离散性不变时,复合材料强度随着单丝尺度参数的增加而增加;为了更加明确地分析碳纤维拉伸强度分布的尺度参数与复合材料强度之间的关系,利用表 5.10 数据作图,如图 5.22 表示,可以看出,单丝拉伸强度的 Weibull 分布中的尺度函数与复合材料的纵向拉伸强度之间几乎成线性函数关系。

本章利用基于信息传递的多尺度方法建立了预测模型,该模型以剪滞理论为基础,考虑了残余应力、界面相及碳纤维单丝断裂后的无效长度,分别建立了相应的子模块,通过子模块之间的相互循环,完成了复合材料纵向拉伸强度的预测;利用该模型重点分析了复合材料组分性能与宏观复合材料纵向拉伸强度之间的离散性关系,结论如下。

(1)对碳纤维单丝纵向拉伸强度服从传统的二参数 Weibull 分布,利用蒙特卡罗模拟程序预测了复合材料的纵向拉伸强度,通过对预测结果的统计分析,认

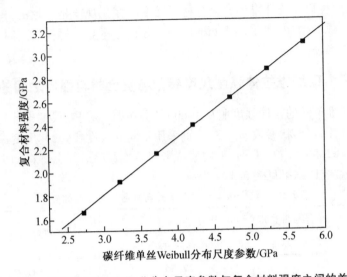

图 5.22　碳纤维单丝 Weibull 分布尺度参数与复合材料强度之间的关系

为复合材料的强度可以按照 Weibull 分布和 Gauss 分布,两种分布的相关系数 R 都在 0.9 以上,均可以较好地描述其统计特性。

(2) 复合材料的平均强度明显依赖于碳纤维单丝的离散程度,当碳纤维单丝的离散度较强时,复合材料的强度较大;当碳纤维单丝的离散性较小时,复合材料的强度趋于稳定;碳纤维单丝的形状参数 m 在 2 ~ 7 变化时,对应的复合材料 Weibull 分布的形状参数在 50 ~ 90 变化;Gauss 分布的 CV 值在 0.09 ~ 0.05 变化。

(3) 纤维单丝的离散性较大时,复合材料的应力 - 应变曲线呈现一定的屈曲变形;而当离散性较小时,没有出现这一现象。这一结论有待于以后的进一步考证分析。

习　题

1. 模拟纤维／基体应力传递理论的基本假设。
2. 画出二维问题剪滞模型原理图并写出其本构方程。
3. 简述单向板纵向拉伸载荷下的渐进损伤分析流程。

第6章

复合材料层板可靠性分析

　　传统的结构设计是基于确定性分析的,这会使结果和实际情况产生很大的偏差。因为材料的物理性能、几何尺寸及所受的载荷在实际中具有随机性,而基于确定性分析的传统结构设计未考虑这些不确定因素。如果采用很大的安全系数,会导致成本大幅度增加。因此,只有考虑不确定因素对结构的影响,才能对工程设计做出合理的决策。复合材料的离散度一般要比金属材料大;复合材料的强度受组分材料、界面性质、层合结构、载荷、环境等多种因素的影响和制约,包含许多不确定因素;再加上复合材料各向异性的特点使其对随机变量的变动相当敏感。所以,复合材料的可靠性设计显得尤为重要。将优化设计技术与可靠性设计理论相结合,可以很好地弥补常规优化设计的不足,既能定量的回答产品运行的可靠性,又能使产品各方面参数获得整体最优平衡,获得明显的经济效益。目前而言,对于不确定信息下的可靠度分析主要集中在基于概率的不确定性的可靠度计算上,也就是不确定性的失效概率上。可靠性的结构设计离不开结构的可靠性分析,本章主要阐述复合材料层板的可靠性分析,使用数值模拟技术和一次二阶矩理论两种方法,并对比不同方法的优缺点,同时介绍了复合材料层板的失效序列分析方法。

　　20世纪80年代,由于复合材料的蓬勃发展,复合材料的可靠性研究得到了发展。目前,随机可靠性的分析主要在失效概率的求解上,失效概率的求解一般有近似解析法、直接积分法、数值积分法和数值模拟法四类方法。近似解析法主要包括一次二阶矩法、二次二阶矩法,其中一次二阶矩法现已发展较成熟,广泛应用于工程中,二次二阶矩能达到更高的精度,但由于其具有复杂性,实际应用较

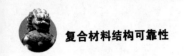

少。数值模拟法主要包括蒙特卡罗法,由于其计算量大,出现了改进的蒙特卡罗法,加速了收敛速度。现在常见改进方法有重要抽样法、截断抽样法、方向抽样法、线抽样法和分层抽样法等。

6.1　复合材料层板的基础理论

6.1.1　基本假设

为了对复合材料层板进行可靠性分析,首先需要求得复合层板对载荷等其他因素的响应,也就是需要求得层板各层的应力和应变。本节主要讨论求解层板应力、应变的理论基础。首先进行复合材料力学分析,然后用 Matlab 编程计算复合材料层板的应力及应变。

层板的几个基本假设如下:

1. 层板连续性假设

假设层板是连续的,也就是假设整个层板结构的体积都被组成这个层板的介质所填满,不留下任何空隙,其结构是密实的。实际上一切物体都是由微粒组成的,都不能满足这个假设。但是,只要微粒尺寸及相邻微粒之间的距离都比实际尺寸小得多,那么关于连续性假设就不会引起显著误差。这样就可以应用数学中的连续函数来表示它们的变化规律。

2. 单向板均匀性假设

假设单向板内是均匀的,板内的任一部分不论体积大小,其力学性能在给定的坐标系下都是完全相同的。也就是不考虑复合材料组分材料之间和铺层之间细观结构的效应。

3. 单向层板正交各向异性假设

假设所分析的单向层板具有两个互相垂直的弹性对称面,一般的无纬布、经纬交织布或斜向交织布都具有一对互相垂直的弹性对称面,这样大大简化了分析计算过程。

4. 层板线弹性假设

假设物体完全符合胡克定律,也就是说层板在外力作用下产生的变形与外力成正比关系,并且撤去外力以后层板能够完全恢复其原来的形状。

5. 层板小变形假设

假设层板受力以后,整个物体所有各点的位移都远远小于物体原来的尺寸,这样在计算过程中,可以用变形前的尺寸代替变形后的尺寸,而不产生显著误差。

6.1.2　单层板的应力－应变关系

大多数情况下,单层板复合材料不单独使用,而作为层板结构材料的基本单元使用。此时,单层板厚度方向和其他平面内的尺寸相比一般很小,因此,可近似认为

$$\sigma_3 = 0, \quad \tau_{23} = \sigma_4 = \tau_{23} = \sigma_5 = 0$$

所以,定义了平面应力状态,对正交各向异性材料,平面应力状态下的应力－应变关系为

$$\begin{bmatrix} \varepsilon_1 \\ \varepsilon_2 \\ \gamma_{12} \end{bmatrix} = \begin{bmatrix} S_{11} & S_{12} & 0 \\ S_{21} & S_{22} & 0 \\ 0 & 0 & S_{66} \end{bmatrix} \begin{bmatrix} \sigma_1 \\ \sigma_2 \\ \tau_{12} \end{bmatrix} \tag{6.1}$$

$$\gamma_{31} = \gamma_{23} = 0, \quad \varepsilon_3 = S_{13}\sigma_1 + S_{23}\sigma_2$$

其中

$$S_{11} = \frac{1}{E_1}, \quad S_{22} = \frac{1}{E_2}, \quad S_{66} = \frac{-\nu_{21}}{E_1} = \frac{-\nu_{12}}{E_2}, \quad S_{13} = \frac{-\nu_{31}}{E_1}, \quad S_{23} = \frac{-\nu_{32}}{E_2}$$

$$\tag{6.2}$$

写成用应变表示应力的关系式:

$$\begin{bmatrix} \sigma_1 \\ \sigma_2 \\ \tau_{12} \end{bmatrix} = \begin{bmatrix} Q_{11} & Q_{12} & 0 \\ Q_{21} & Q_{22} & 0 \\ 0 & 0 & Q_{66} \end{bmatrix} \begin{bmatrix} \varepsilon_1 \\ \varepsilon_2 \\ \gamma_{12} \end{bmatrix} \tag{6.3}$$

式中,S 为二维柔度矩阵;Q 为二维刚度矩阵,S 与 Q 互为逆的关系;σ_1 为材料沿纤维方向应力;σ_2 为材料垂直纤维方向应力;τ 为材料剪应力;ε_1 为材料沿纤维方向应变;ε_2 为材料垂直纤维方向应变;γ 为材料剪应变;E_1、E_2、ν_{12}、G_{12} 为工程弹性常数,其中 ν_{12} 为泊松比。

6.1.3　单层材料任意方向的应力－应变关系

上一节讨论了在正交各向异性单层材料主方向上应力－应变关系,但实际上在使用单层材料层板时往往单层材料的主方向与层板总坐标 x－y 不一致,因此,为了能统一地在 x－y 坐标中计算材料的刚度,需要知道单层材料在非主方向,即 x、y 方向上的弹性系数(称为偏轴向弹性系数)与材料主方向的弹性系数之间的关系。接下来讨论平面应力状态下的应力转轴和应变转轴公式。

图 6.1、图 6.2 所示为两种坐标之间的关系,θ 表示从 x 轴转向 1 轴的角度,以逆时针转为正,方程由斜截面截开三角形单元体考虑平衡条件而得出。图 6.2 表示单元体 x 方向平衡,可得

$$\sigma_x = \sigma_1 \cos^2\theta + \sigma_2 \sin^2\theta - 2\tau_{12}\sin\theta\cos\theta \tag{6.4}$$

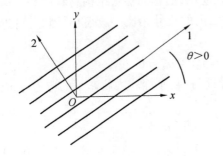 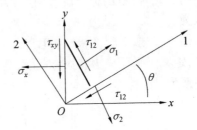

图 6.1 两种坐标之间的关系(1)	图 6.2 两种坐标之间的关系(2)

同理

$$\sigma_y = \sigma_1 \sin^2\theta + \sigma_2 \cos^2\theta + 2\tau_{12}\sin\theta\cos\theta \tag{6.5}$$

$$\tau_{xy} = \sigma_1 \sin\theta\cos\theta - \sigma_2 \sin\theta\cos\theta + \tau_{12}(\cos 2\theta - \sin 2\theta) \tag{6.6}$$

将式(6.5)写成矩阵形式

$$\begin{bmatrix} \sigma_x \\ \sigma_y \\ \tau_{xy} \end{bmatrix} = \boldsymbol{T}^{-1} \begin{bmatrix} \sigma_1 \\ \sigma_2 \\ \tau_{12} \end{bmatrix} \tag{6.7}$$

用 x、y 坐标方向应力分量表示 1、2 方向应力分量如下:

$$\begin{bmatrix} \sigma_1 \\ \sigma_2 \\ \tau_{12} \end{bmatrix} = \boldsymbol{T} \begin{bmatrix} \sigma_x \\ \sigma_y \\ \tau_{xy} \end{bmatrix} \tag{6.8}$$

$\boldsymbol{T}$ 称为坐标转换矩阵,$\boldsymbol{T}^{-1}$ 称为此矩阵的逆矩阵,其展开式如下:

$$\boldsymbol{T} = \begin{bmatrix} \cos^2\theta & \sin^2\theta & 2\sin\theta\cos\theta \\ \sin^2\theta & \cos^2\theta & -2\sin\theta\cos\theta \\ -\sin\theta\cos\theta & \sin\theta\cos\theta & \cos^2\theta - \sin^2\theta \end{bmatrix} \tag{6.9}$$

$$\boldsymbol{T}^{-1} = \begin{bmatrix} \cos^2\theta & \sin^2\theta & -2\sin\theta\cos\theta \\ \sin^2\theta & \cos^2\theta & 2\sin\theta\cos\theta \\ \sin\theta\cos\theta & -\sin\theta\cos\theta & \cos^2\theta - \sin^2\theta \end{bmatrix} \tag{6.10}$$

同理,相应的应变转轴为

$$\begin{bmatrix} \varepsilon_1 \\ \varepsilon_2 \\ \gamma_{12} \end{bmatrix} = (\boldsymbol{T}^{-1})^{\mathrm{T}} \begin{bmatrix} \varepsilon_x \\ \varepsilon_x \\ \gamma_{xy} \end{bmatrix} \qquad (6.11)$$

$$\begin{bmatrix} \varepsilon_x \\ \varepsilon_y \\ \gamma_{xy} \end{bmatrix} = \boldsymbol{T}^{\mathrm{T}} \begin{bmatrix} \varepsilon_1 \\ \varepsilon_2 \\ \gamma_{12} \end{bmatrix} \qquad (6.12)$$

由上述已知,在平面应力状态下的应力 – 应变关系为

$$\begin{bmatrix} \sigma_1 \\ \sigma_2 \\ \tau_{12} \end{bmatrix} = \begin{bmatrix} Q_{11} & Q_{12} & 0 \\ Q_{21} & Q_{22} & 0 \\ 0 & 0 & Q_{66} \end{bmatrix} \begin{bmatrix} \varepsilon_1 \\ \varepsilon_2 \\ \gamma_{12} \end{bmatrix} \qquad (6.13)$$

由此可以得出偏轴向应力 – 应变关系为

$$\begin{bmatrix} \sigma_x \\ \sigma_y \\ \tau_{xy} \end{bmatrix} = \boldsymbol{T}^{-1} \begin{bmatrix} \sigma_1 \\ \sigma_2 \\ \tau_{12} \end{bmatrix} = \boldsymbol{T}^{-1} Q \begin{bmatrix} \varepsilon_1 \\ \varepsilon_2 \\ \gamma_{12} \end{bmatrix} = \boldsymbol{T}^{-1} \boldsymbol{Q} (\boldsymbol{T}^{-1})^{\mathrm{T}} \begin{bmatrix} \varepsilon_x \\ \varepsilon_y \\ \gamma_{xy} \end{bmatrix} \qquad (6.14)$$

6.1.4　层板的力学性能

由单层板的应力 – 应变知识扩大到层板的应力 – 应变知识,层板比单层板情况复杂得多,单层板是层板抽离出来的,所以要对层板进行研究,为了简化问题要做以下限制:

各单层之间黏结良好,可作为一个整体结构,黏结层很薄,本身不发生变形,也就是各单层之间变形连续。

层板的总厚度符合薄板假设,也就是厚度 t 与跨度之比满足

$$\left(\frac{1}{50} \sim \frac{1}{100} \right) < \frac{t}{L} < \left(\frac{1}{8} \sim \frac{1}{10} \right) \qquad (6.15)$$

假设层板中变形前垂直于中面的直线段,变形后仍然保持直线且垂直于中面。假设整个层板等厚,在这些限制的基础上,可以得到如下关系式:

$$\begin{bmatrix} \varepsilon_x \\ \varepsilon_x \\ \gamma_{xy} \end{bmatrix} = \begin{Bmatrix} \varepsilon_x^0 \\ \varepsilon_y^0 \\ \gamma_{xy}^0 \end{Bmatrix} + z \begin{Bmatrix} K_x \\ K_y \\ K_{xy} \end{Bmatrix} \qquad (6.16)$$

式中, $\varepsilon_x^0 \setminus \varepsilon_y^0 \setminus \gamma_{xy}^0$ 为中面应变; $K_x \setminus K_y$ 为中面弯曲挠曲率; K_{XY} 为中面扭曲率; z 为厚度坐标。

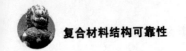

由此可以得到层板中任意一层的应力－应变的关系式：

$$\begin{bmatrix} \sigma_x \\ \sigma_y \\ \tau_{xy} \end{bmatrix} = \left[\mathbf{T}^{-1}\mathbf{Q}\left(\mathbf{T}^{-1}\right)^{\mathrm{T}} \right]_k \left\{ \begin{bmatrix} \varepsilon_x^0 \\ \varepsilon_y^0 \\ \gamma_{xy}^0 \end{bmatrix} + z \begin{bmatrix} K_x \\ K_y \\ K_{xy} \end{bmatrix} \right\} = \left[\mathbf{T}^{-1}\mathbf{Q}\left(\mathbf{T}^{-1}\right)^{\mathrm{T}} \right]_k \quad (6.17)$$

对于每一层，其弯曲挠曲率和扭曲率都相同，但每一层刚度都不相同。由式(6.16)、式(6.17)可知层板的应变由中面应变和弯曲应变两个部分组成，沿厚度变化；应力除了与应变有关以外，还与各单层刚度特性有关，若各层刚度不同，则其应力分布也不同。

设 N_x、N_y、N_{xy} 为层板横截面上单位宽度上的内力；M_x、M_y、M_{xy} 为层板横截面上单位宽度的内力矩。它们是由各单层板上的应力沿厚度积分求得，设层板厚度为 t，则

$$\begin{bmatrix} N_x \\ N_y \\ N_{xy} \end{bmatrix} = \int_{\frac{-t}{2}}^{\frac{t}{2}} \begin{bmatrix} \sigma_x \\ \sigma_y \\ \tau_{xy} \end{bmatrix} \mathrm{d}z, \quad \begin{bmatrix} M_x \\ M_y \\ M_{xy} \end{bmatrix} = \int_{\frac{-t}{2}}^{\frac{t}{2}} \begin{bmatrix} \sigma_x \\ \sigma_y \\ \tau_{xy} \end{bmatrix} \mathrm{d}z \quad (6.18)$$

又因为层板各单层之间应力不一定相等，所以需要分层积分：

$$\begin{bmatrix} N_x \\ N_y \\ N_{xy} \end{bmatrix}_k = \sum_{k=1}^{n} \int_{z_{k-1}}^{z_k} \begin{bmatrix} \sigma_x \\ \sigma_y \\ \sigma_y \end{bmatrix}_k \mathrm{d}z, \quad \begin{bmatrix} M_x \\ M_y \\ M_{xy} \end{bmatrix} = \sum_{k=1}^{n} \int_{z_{k-1}}^{z_k} \begin{bmatrix} \sigma_x \\ \sigma_y \\ \sigma_y \end{bmatrix}_k z\mathrm{d}z \quad (6.19)$$

式中，z 为各单层的坐标，如图 6.3 所示。

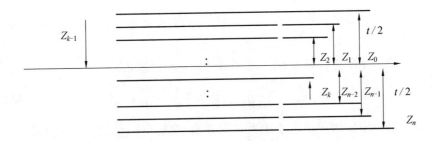

图 6.3　层板单元层坐标

由此可以得到内力、内力矩与应变的关系为

$$\begin{bmatrix} N_x \\ N_y \\ N_{xy} \end{bmatrix} = \sum_{k=1}^{n} \left[\mathbf{T}^{-1}\mathbf{Q}\left(\mathbf{T}^{-1}\right)^{\mathrm{T}} \right]_k \left\{ \int_{z_{k-1}}^{z_k} \begin{bmatrix} \varepsilon_x^0 \\ \varepsilon_y^0 \\ \gamma_{xy}^0 \end{bmatrix} \mathrm{d}z + \int_{z_{k-1}}^{z_k} \begin{bmatrix} K_x \\ K_y \\ K_{xy} \end{bmatrix} z\mathrm{d}z \right\} \quad (6.20)$$

$$\begin{bmatrix} M_x \\ M_y \\ M_{xy} \end{bmatrix} = \sum_{k=1}^{n} \left[\boldsymbol{T}^{-1} \boldsymbol{Q} \left(\boldsymbol{T}^{-1} \right)^{\mathrm{T}} \right]_k \left\{ \int_{z_{k-1}}^{z_k} \begin{bmatrix} \varepsilon_x^0 \\ \varepsilon_y^0 \\ \gamma_{xy}^0 \end{bmatrix} z\mathrm{d}z + \int_{z_{k-1}}^{z_k} \begin{bmatrix} K_x \\ K_y \\ K_{xy} \end{bmatrix} z^2\mathrm{d}z \right\} \tag{6.21}$$

设 $\boldsymbol{T}^{-1} \boldsymbol{Q} \left(\boldsymbol{T}^{-1} \right)^{\mathrm{T}} = \overline{\boldsymbol{Q}}$，由于 ε_x^0、ε_y^0、γ_{xy}^0 为中面应变，K_x、K_y、K_{xy} 为中面曲率、扭曲率，它们与 z 无关，所以式 (6.21) 变为

$$\begin{bmatrix} N_x \\ N_y \\ N_{xy} \end{bmatrix} = \sum_{k=1}^{n} \left[\overline{Q} \right]_k \left\{ (z_k - z_{k-1}) \begin{bmatrix} \varepsilon_x^0 \\ \varepsilon_y^0 \\ \gamma_{xy}^0 \end{bmatrix} + \frac{1}{2}(z_k^2 - z_{k-1}^2) \begin{bmatrix} K_x \\ K_y \\ K_{xy} \end{bmatrix} \right\} \tag{6.22}$$

$$\begin{bmatrix} M_x \\ M_y \\ M_{xy} \end{bmatrix} = \sum_{k=1}^{n} \left[\overline{Q} \right]_k \left\{ \frac{1}{2}(z_k^2 - z_{k-1}^2) \begin{bmatrix} \varepsilon_x^0 \\ \varepsilon_y^0 \\ \gamma_{xy}^0 \end{bmatrix} + \frac{1}{3}(z_k^3 - z_{k-1}^3) \begin{bmatrix} K_x \\ K_y \\ K_{xy} \end{bmatrix} \right\} \tag{6.23}$$

由下式定义：

$$A_{ij} = \sum_{k=1}^{n} (\overline{Q}_{ij})_k (z_k - z_{k-1}) \tag{6.24}$$

$$B_{ij} = \frac{1}{2} \sum_{k=1}^{n} (\overline{Q}_{ij})_k (z_k^2 - z_{k-1}^2) \tag{6.25}$$

$$C_{ij} = \frac{1}{3} \sum_{k=1}^{n} (\overline{Q}_{ij})_k (z_k^3 - z_{k-1}^3) \tag{6.26}$$

所以可以写成

$$\begin{bmatrix} N_x \\ N_y \\ N_{xy} \end{bmatrix} = \begin{bmatrix} A_{11} & A_{12} & A_{13} \\ A_{21} & A_{22} & A_{23} \\ A_{31} & A_{32} & A_{33} \end{bmatrix} \begin{bmatrix} \varepsilon_x^0 \\ \varepsilon_y^0 \\ \gamma_{xy}^0 \end{bmatrix} + \begin{bmatrix} B_{11} & B_{12} & B_{13} \\ B_{21} & B_{22} & B_{23} \\ B_{31} & B_{32} & B_{33} \end{bmatrix} \begin{bmatrix} K_x \\ K_y \\ K_{xy} \end{bmatrix} \tag{6.27}$$

$$\begin{bmatrix} M_x \\ M_y \\ M_{xy} \end{bmatrix} = \begin{bmatrix} B_{11} & B_{12} & B_{13} \\ B_{21} & B_{22} & B_{23} \\ B_{31} & B_{32} & B_{33} \end{bmatrix} \begin{bmatrix} \varepsilon_x^0 \\ \varepsilon_y^0 \\ \gamma_{xy}^0 \end{bmatrix} + \begin{bmatrix} D_{11} & D_{12} & D_{13} \\ D_{21} & D_{22} & D_{23} \\ D_{31} & D_{32} & D_{33} \end{bmatrix} \begin{bmatrix} K_x \\ K_y \\ K_{xy} \end{bmatrix} \tag{6.28}$$

将式 (6.27)、式 (6.28) 简写成

$$\begin{bmatrix} N \\ M \end{bmatrix} = \begin{bmatrix} \boldsymbol{A} & \boldsymbol{B} \\ \boldsymbol{B} & \boldsymbol{D} \end{bmatrix} \begin{bmatrix} \varepsilon^0 \\ K \end{bmatrix} \tag{6.29}$$

为了求 ε^0、K，式 (6.29) 求逆得

$$\begin{bmatrix} \varepsilon^0 \\ K \end{bmatrix} = \begin{bmatrix} \boldsymbol{A}' & \boldsymbol{B}' \\ \boldsymbol{B}' & \boldsymbol{D}' \end{bmatrix} \begin{bmatrix} N \\ M \end{bmatrix} \tag{6.30}$$

式中，$\boldsymbol{A}'$、$\boldsymbol{B}'$、$\boldsymbol{C}'$ 为层板的柔度矩阵。

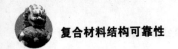

由上面的这些理论与公式,可在已知 N、M 载荷下,求 ε^0、K 及层板任意一层的应力。利用 Matlab 来建立模型计算,如下是个简单算例。

正交铺设对称层板 $[0/90]_s$,受到拉伸载荷为 400 N/mm,单层板的厚度为

$t_k = 0.2$ mm,求各层应力? 已知层板的刚度 $[Q] = \begin{bmatrix} 150 & 3 & 0 \\ 3 & 12 & 0 \\ 0 & 0 & 8 \end{bmatrix}$ GPa。

利用编好的程序输入参数后得到结果如下:
0° 层得到的应力结果为

$$\begin{bmatrix} 926.511\ 0 \\ -15.796\ 7 \\ 0.040\ 7 \times 10^{-14} \end{bmatrix} \text{MPa}$$

90° 层得到的应力结果为

$$\begin{bmatrix} 15.796\ 7 \\ 73.489\ 0 \\ -0.506\ 1 \times 10^{-14} \end{bmatrix} \text{MPa}$$

6.1.5　失效准则

失效准则有两种,一种是在判定过程中,只能判定材料的失效条件,而不能判定材料的失效模式。这种失效准则可以应用于首层破坏的层板或单层板破坏。另一种失效准则给出了材料失效的模式,不同的判定方程对应不同的失效模式。

1.最大应力准则

在最大应力理论中,各材料主方向应力必须小于各自方向的强度,否则发生破坏,各种破坏模式之间没有相互影响,只要有一个主方向超出此方向的强度,即发生破坏,适用于层板轴向拉伸。

对于拉伸应力有

$$\left.\begin{array}{l} \sigma_1 < X_t \\ \sigma_2 < Y_t \\ |\tau_{12}| < S \end{array}\right\} \tag{6.31}$$

对于压缩应力有

$$\left.\begin{array}{l} \sigma_1 > -X_c \\ \sigma_2 > -Y_c \\ |\tau_{12}| < S \end{array}\right\} \tag{6.32}$$

注意:式(6.31)、式(6.32)中的 σ_1、σ_2 是指材料的 1、2 两个主方向上的应力,而

不是材料中的主应力;在应用这个理论中,需要将所考虑的材料中的应力转换为材料主方向的应力;X_t、Y_t、S、X_c、Y_c 为材料强度。

式(6.31)、式(6.32)只要有一个不满足,则认为材料破坏。

最大应变理论与最大应力理论相似,把容许应变值作为失效判据。

2. Tsai – Hill 强度理论

Hill 在 1948 年提出了一个针对各向异性材料的屈服准则

$$(G + H)\sigma_1^2 + (F + H)\sigma_2^2 + (F + G)\sigma_3^2 - 2H\sigma_1\sigma_2 - 2G\sigma_1\sigma_3 -$$
$$2F\sigma_2\sigma_3 + 2L\tau_{23}^2 + 2M\tau_{31}^2 + 2N\tau_{12}^2 = 1 \tag{6.33}$$

式中,F、G、H、L、M、N 分别为材料的破坏强度参数。

后来 Tsai 用常用的单层复合材料的破坏强度 X、Y、S 来表示 F、G、H、L、M、N 得到以下形式

$$\left(\frac{\sigma_1}{X}\right)^2 - \frac{\sigma_1\sigma_2}{X^2} + \left(\frac{\sigma_2}{Y}\right)^2 + \left(\frac{\tau_{12}}{S_{12}}\right)^2 = 1 \tag{6.34}$$

式(6.34)就是 Tsai – Hill 强度理论。

Tsai – Hill 未考虑拉、压性能不同的复合材料,适用于玻璃／环氧树脂单向层板在偏轴和单轴的拉伸或压缩。该理论比较符合实验的结果,而且理论中的破坏强度 X、Y、S 之间存在重要的联系,与最大应力理论假设三者破坏单独发生不同。

3. Tsai – Wu 张量理论

Tsai – Wu 张量理论是为改进计算精度、增加理论方程中的项数应运而生的。假定在应力空间中的失效曲面存在下列形式:

$$F_i\sigma_i + F_{ij}\sigma_i\sigma_j = 1 \quad (i,j = 1,2,\cdots,6) \tag{6.35}$$

式中,F_i、F_{ij} 分别为二阶和四阶强度系数张量,此方程非常复杂。对于平面应力下的正交各向异性单层材料,式(6.35)可化为

$$F_1\sigma_1 + F_2\sigma_2 + F_{11}\sigma_1^2 + F_{22}\sigma_2^2 + F_{66}\tau_{12}^2 + 2F_{12}\sigma_1\sigma_2 = 1 \tag{6.36}$$

其中

$$F_1 = \frac{1}{X_t} - \frac{1}{X_c}, \quad F_{11} = \frac{1}{X_tX_c}, \quad F_2 = \frac{1}{Y_t} - \frac{1}{Y_c}$$

$$F_{22} = \frac{1}{Y_tY_c}, \quad F_{66} = \frac{1}{S^2}$$

$$F_{12} = \frac{-1}{2}\sqrt{F_{11}F_{22}} = \frac{-1}{2}\sqrt{\frac{1}{X_tX_cY_tY_c}}。$$

4. Hashin 二维失效准则

Hashin 失效准则能给出材料失效的模式,不同的判定方程对应不同的失效

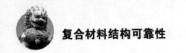

模式。一般应用于逐渐失效分析或者最终层失效分析中,常见的有 Hashin – Rotem 失效准则、Hashin 失效准则、Lee 失效准则等。下面介绍改进后的二维模式的 Hashin 失效准则,并研究中所用的 Hashin 失效准则进行介绍,不考虑层间作用的二维判定准则如下:

纤维拉伸失效

$$\left(\frac{\sigma_1}{X_t}\right)^2 + \left(\frac{\tau_{12}}{S_{12}}\right)^2 \geqslant 1 \quad (\sigma_1 \geqslant 0) \qquad (6.37)$$

纤维压缩失效

$$\left(\frac{\sigma_1}{X_c}\right)^2 \geqslant 1 \quad (\sigma_1 \leqslant 0) \qquad (6.38)$$

基体拉伸或剪切失效

$$\left(\frac{\sigma_2}{Y_t}\right)^2 + \left(\frac{\tau_{12}}{S_{12}}\right)^2 \geqslant 1 \quad (\sigma_2 \geqslant 0) \qquad (6.39)$$

基体压缩或剪切失效

$$\left(\frac{\sigma_2}{Y_c}\right)^2 + \left(\frac{\tau_{12}}{S_{12}}\right)^2 \geqslant 1 \quad (\sigma_2 \leqslant 0) \qquad (6.40)$$

式中,X_t 为纵向拉伸强度;X_c 为纵向压缩强度;Y_t 为横向拉伸强度;Y_c 为横向压缩强度;S_{12} 为面内剪切强度。

5. 概率逐步失效法

一个层板是由多个组件构成的系统,当其中某些组件破坏以后,系统仍未失效,因此采用最终失效准则定义整个层板结构的失效,只有当失效序列中的全部组件发生失效才会导致整个系统的失效。选择合理的失效序列,能减少系统误差,提高最终系统可靠性分析的精度。

基于最终失效准则的可靠性分析,对于失效序列的确定,现在广泛使用的是概率逐步失效法。其主要要求和特点如下:

(1)分析具有初始缺陷的单层板受轴向载荷时的可靠性,初始缺陷和强度参数作为设计变量。

(2)层板看作是由单层板作为组件构成的系统,用二阶矩法计算单层板的失效概率,每个单层板考虑多种失效模式。

(3)在逐步失效过程中,通过修改层板的刚度来反映单层板的失效从而确定主要的失效序列。

利用概率逐步失效法计算单元层的可靠性指标和相应的失效概率(包含基体失效和纤维断裂)。然后假设失效概率最大($P_{f\text{max}}$)的单元层失效修改层板的刚度。如果某个单层板的基体失效,则该单层板的 E_2 和 G_{12} 退化;如果某个单层板的纤维断裂,则该单层板的 E_1 退化。根据修改后的刚度重新计算,重复第一步的过程一直进行到系统失效,确定第一条失效序列。

为了确定第二条失效序列,选择失效概率第二大的单元层,重复以上的计算。为了选取主要的失效序列,单层的失效概率小于 $P_{f\max}$ 的某个比例时不再考虑。一个失效序列是各个失效事件之间的并联系统,假设一个失效序列中有 m 个失效事件,则

$$\begin{cases} P_{fk} \leqslant \min(P(E_i \cap E_j)) \\ P(E_i \cap E_j) = \Phi(-\beta_i, -\beta_j, \rho_{ij}) \end{cases} \qquad (6.41)$$

式中,E_j 为第 k 条失效序列中的第 j 个失效事件;Φ 为二维正态分布函数;β_i 和 β_j 为可靠性指标;ρ_{ij} 为相关系数。

假如两个随机变量之间相互独立,则

$$\rho_{ij} = 0$$

此时有

$$P(E_i \cap E_j) = \Phi(-\beta_i, -\beta_j, \rho_{ij}) = \Phi(-\beta_i, -\beta_j) = \Phi(-\beta_i) \times \Phi(-\beta_j) \qquad (6.42)$$

6.2　层板可靠度的蒙特卡罗模拟

6.2.1　蒙特卡罗模拟过程

本章采用的蒙特卡罗法中,将材料性能和载荷作为正态分布的随机变量处理。首先生成变量的随机数代入程序中求得应力、应变,然后将求得应力、应变代入失效准则(功能函数)中判定是否失效。若 $F > 1$,单向层板在随机抽样中进行一次失效统计;若 $F < 1$,单向层板不失效。这样就完成了一次计算,再对另一组随机数重复计算,直到完成预定的循环步骤为止。假定随机变量总抽样数为 N,统计到 $F \geqslant 1$ 的次数为 n,则只要 N 足够大,便可得出失效概率为 $P_f = n/N$。

蒙特卡罗模拟流程如图 6.4 所示。

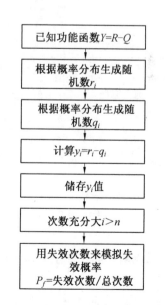

图 6.4　蒙特卡罗模拟流程

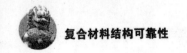

6.2.2　单向板可靠度的蒙特卡罗模拟

1.铺设角为变量的单向板蒙特卡罗模拟

对单层板的模拟,确定载荷、材料性能影响材料可靠度的因素作为极限方程的随机变量。

设定:单向层板,材料性能及参数见表6.1,纤维与载荷角度为 X, X 从0到90均匀变化,步长为5,板厚0.14 mm,拉伸失效模拟,线载荷为 $N_x = 7$ N/mm,分别用最大应力准则、Tsai – Hill 准则、Tsai – Wu 张量理论作为蒙特卡罗的功能函数进行失效模拟,对每个 X 进行10 000次的模拟。

表6.1　材料性能及参数

方向	工程常数	均值	变异系数
沿纤维方向	拉伸模量 /GPa	137.3	0.04
	拉伸强度 /MPa	1 766.4	0.11
	压缩模量 /GPa	140.2	0.04
	压缩强度 /MPa	1 205.0	0.12
垂直纤维方向	拉伸模量 /GPa	9.4	0.06
	拉伸强度 /MPa	75	0.26
	压缩模量 /GPa	9.4	0.10
	压缩强度 /MPa	247	0.20
剪切方向	剪切模量 /GPa	5.6	0.056
	剪切强度 /MPa	95	0.18
	泊松比 ν_{LT}	0.3	0.04

由 Matlab 程序得到有关数据以后对数据进行处理,制成折线图如图6.5 和图6.6所示。

计算结果分析:

(1)三个失效准则判定的失效概率图像都随角度增加呈上升趋势,可靠度指标呈下降趋势。

(2)对于同一横坐标,在失效概率的折线图中,Tsai – Wu 张量理论代表的折线在最上面,其次是 Tsai – Hill 失效准则代表的折线,最下面是最大应力准则所代表的折线,而在可靠度指标折线图中刚好相反。

(3)在接近0° 和90° 时,三条曲线最接近,在45° 到75° 区间内差别最大。

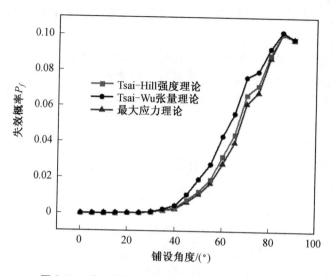

图 6.5　单向板失效概率与纤维载荷夹角的关系

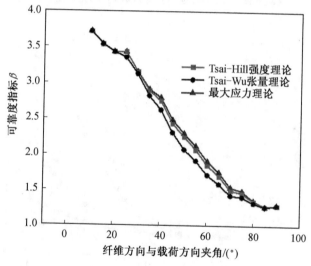

图 6.6　单向板可靠度指标与纤维载荷夹角的关系

同时还有以下特点：

（1）不管是哪种判定准则，铺设角在 0° 时得到的失效概率最小，可靠度指标最大，随着铺设角度的增加，其失效概率也随之增加，可靠度指标随之减小。

（2）不管哪个铺设角度，在同一个铺设角度下利用 Tsai－Wu 张量理论模拟得到的失效概率最大，可靠度指标最小，其次是利用 Tsai－Hill 失效准则得出的结果，最后是最大应力准则得出的结果。

（3）铺设角度越接近 0° 与 90°，三者失效准则模拟得出的失效概率和可靠度指标越接近,差别越小,在45°到75°时三者模拟得出的失效概率和可靠度指标相差越大。

可以看出,在实际工程应用中,在计算0°或90°情况下三者差别不大,都可以利用,但是角度在中间部分时,差别就显现出来了,所以在工程中,如果铺设角度接近45°,对可靠度要求不高,都可以利用,但是对于可靠度要求高,应该用Tsai – Wu张量理论,同一条件下得出的可靠度最低,采用该结果设计安全性较高。

2. 载荷为变量的单向板蒙特卡罗模拟

根据以上计算结果,材料性能及参数见表6.1,选择45°铺设角的单向板进行模拟实验。设定:45°单向板,板厚0.14 mm,进行拉伸失效模拟,线载荷为 $N_x = X$ N/mm,X 从5到16,步长为0.2均匀变化,用最大应力准则、Tsai – Hill准则和Tsai – Wu张量理论作为蒙特卡罗的功能函数进行失效模拟,对每个载荷点进行20 000次的模拟。

由Matlab程序得到有关数据以后对数据进行处理,制成折线图如图6.7和图6.8所示。

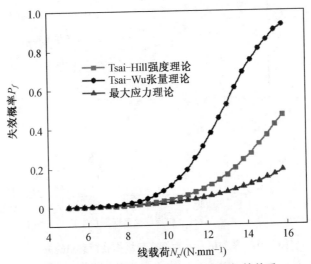

图6.7 单向板失效概率与可靠度指标的关系

计算结果分析:

(1)随着载荷的增加,失效概率的折线图均呈现上升趋势,可靠度指标折线图均呈现下降趋势,并且随着载荷的增加,变化越来越快。

(2)在同一横坐标下,Tsai – Wu张量理论判定所代表的曲线,在失效概率图中在最上面,其次是Tsai – Hill强度准则代表的折线,在最下面的是最大应力准则代表的折线图。可靠度指标规律反之。

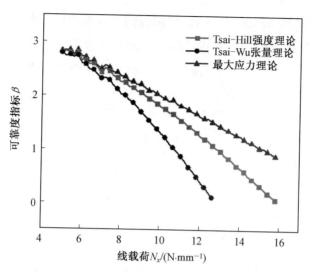

图 6.8 单向板失效概率与可靠度指标的关系

（3）在载荷很小的情况下，三条折线比较接近，随着载荷的增加，三条折线的差别也增加。

同时可以看出：

（1）载荷越大，失效概率越大，可靠度指标越小。

（2）同一载荷下，Tsai－Wu 张量理论判定所得到的失效概率最大，也就是可靠度指标最小，最大应力准则得到的失效概率最小，可靠度指标最大。Tsai－Hill 失效准则在 Tsai－Wu 张量理论和最大应力准则之间。

（3）载荷很小时，三个准则得到的失效概率和可靠度指标相近，载荷增加，三者差别显现出来。

在实际应用中，如果载荷不大的情况下，失效准则的选择对失效概率的影响不大，但是当载荷较大时，影响就变得较大；在对可靠度要求较高的情况下，最大应力准则产生的误差较大，应该选择 Tsai－Wu 张量理论或者 Tsai－Hill 失效准则，这样比较安全。

3. 随机变量的变异系数为变量的单向板蒙特卡罗模拟

由以上可知，Tsai－Hill 强度理论与 Tsai－Wu 张量理论的安全性相对较高，所以在变异系数对单向板可靠性影响的研究中，把 Tsai－Hill 强度理论与 Tsai－Wu 张量理论作为失效判据，用蒙特卡罗模拟，并且在研究中设定单向板受拉伸作用，所以在这里只研究沿纤维方向的拉伸强度、垂直纤维方向的拉伸强度与剪切强度这三个强度的变异系数对可靠性的影响。

4. 层板可靠性与沿纤维方向拉伸强度的变异系数的关系

设定：单向板，受拉伸作用，材料性能及参数见表 6.2，拉伸载荷 $N_x =$ 4 N/mm，板厚 0.14 mm，单向板铺设角为 45°，材料强度中的 X_t 的变异系数为变量 x，x 从 0.02 到 1 均匀变化。

表 6.2　材料性能及参数

材料强度	均值	变异系数	材料刚度	数值
拉伸强度 X_t/MPa	1 766.4	x	E_1/GPa	139.73
拉伸强度 Y_t/MPa	75	0.26	E_2/GPa	9.4
拉伸强度 X_c/MPa	1 205	0.11	G_{12}/GPa	5.6
拉伸强度 Y_c/MPa	247	0.26	v_{12}	0.3
剪切强度 S_{12}/MPa	95	0.18		

由 Matlab 程序得到有关数据以后对数据进行处理，制成折线图如图 6.9 所示。其中，两条线分别代表 Tsai – Hill 强度理论与 Tsai – Wu 张量理论作为失效准则（功能函数），用蒙特卡罗模拟得到的单向板可靠度指标与沿纤维方向的拉伸强度变异系数的关系。可以看到，两条线在变异系数较小时基本重合，增大后体现出差别，而且 Tsai – Wu 张量理论得出的结果在 Tsai – Hill 强度理论之下，与之前的实验结果一致。

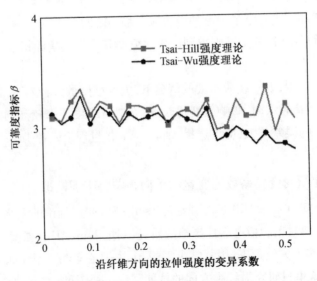

图 6.9　可靠度指标与沿纤维方向拉伸强度变异系数的关系

5. 层板可靠性与垂直纤维方向拉伸强度的变异系数的关系

设定单向板,受拉伸作用,材料性能及参数见表6.3,拉伸载荷 $N_x = 4$ N/mm,板厚0.14 mm,单向板铺设角为45°,材料强度中的 Y_t 变异系数为变量 x, x 从0.02 到1均匀变化,步长为0.02,每个点进行 10 000 次模拟。

表6.3　材料性能及参数

材料强度	均值	变异系数	材料刚度	数值
拉伸强度 X_t/MPa	1 766.4	0.11	E_1/GPa	139.73
拉伸强度 Y_t/MPa	75	x	E_2/GPa	9.4
拉伸强度 X_c/MPa	1 205	0.11	G_{12}/GPa	5.6
拉伸强度 Y_c/MPa	247	0.26	v_{12}	0.3
剪切强度 S_{12}/MPa	95	0.18		

可靠度指标与垂直纤维方向拉伸强度变异系数的关系如图6.10所示。其中,两条线分别代表 Tsai – Hill 强度理论与 Tsai – Wu 张量理论作为失效准则(功能函数),用蒙特卡罗模拟得到的单向板可靠度指标与垂直纤维方向的拉伸强度变异系数的关系。可以看到,两条线都随着变异系数的增加而下降,在变异系数比较小时,两条线基本重合,当变异系数大于0.3时,两条线开始有所差别,Tsai – Hill 强度理论得到的可靠度在 Tsai – Wu 强度理论之上。

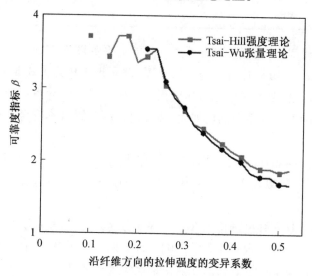

图6.10　可靠度指标与垂直纤维方向拉伸强度变异系数的关系

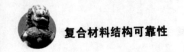

从结果中可以看出：

（1）单向层板的可靠度指标，在受拉伸作用时，随着层板垂直纤维方向拉伸强度变异系数的增加而降低。

（2）Tsai – Hill 强度理论与 Tsai – Wu 张量理论作为失效准则（功能函数）时，在变异系数比较小的情况下，两种理论所求得的可靠性差别不大，当变异系数比较大时，Tsai – Wu 张量理论得到的可靠度指标会小于 Tsai – Hill 强度理论理论所得到的可靠度指标。

6. 层板可靠性与剪切强度的变异系数的关系

设定单向板，材料性能及参数见表 6.4，受拉伸作用，拉伸载荷 $N_x = 4$ N/mm，板厚 0.14 mm，单向板铺设角为 45°，材料强度中的 F_6 为变量 x，x 从 0.02 到 1 均匀变化，步长为 0.02，每个点进行 10 000 次模拟。

表 6.4   材料性能及参数

材料强度	均值	变异系数	材料刚度	数值
拉伸强度 X_t/MPa	1 766.4	0.11	E_1/GPa	139.73
拉伸强度 Y_t/MPa	75	0.26	E_2/GPa	9.4
拉伸强度 X_c/MPa	1 205	0.11	G_{12}/GPa	5.6
拉伸强度 Y_c/MPa	247	0.26	v_{12}	0.3
剪切强度 S_{12}/MPa	95	x		

可靠度指标与剪切强度变异系数之间的关系如图 6.11 所示。其中，两条线分别代表 Tsai – Hill 强度理论与 Tsai – Wu 张量理论作为失效准则（功能函数），用蒙特卡罗模拟得到的单向板可靠度指标与剪切强度变异系数的关系。可以看到，两条线都随着变异系数的增加而下降，而且两条线基本吻合。还有以下两个特点：

（1）单向层板的可靠度指标，在受拉伸作用时，随着层板剪切强度变异系数的增加而降低。所以在实际工程中为了提高可靠性，可以选择剪切强度变异系数小的材料。

（2）Tsai – Hill 强度理论与 Tsai – Wu 张量理论作为失效准则（功能函数）时，剪切强度的变异系数对两者的影响相近。两者的差异，由前面做的关于铺设角度与可靠度指标的关系可知，主要由铺设角度所体现。

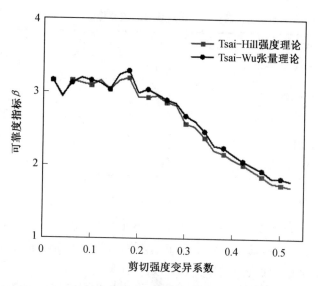

图 6.11　可靠度指标与剪切强度变异系数之间的关系

6.2.3　多向板可靠度的蒙特卡罗模拟

多向板的可靠性分析,采用最终层失效准则来定义整个层板结构的失效,一个多向的层板可以看作是由多个组件构成的,其中一部分破坏以后,系统并未完全失效,只有当失效序列中的全部组件失效,才会导致整个系统的失效。

模拟:层板受轴向拉载荷 N_x、N_y 作用,层板的铺层为 $[(0/-45/45/90)]_s$,每个单层板厚度为 0.125 mm,利用二维 Hashin 准则作为极限状态方程,载荷条件与材料力学性能见表 6.5,强度参数的统计特征见表 6.6。

表 6.5　载荷条件与材料力学性能

参数	单位	数值
N_x	N/mm	300
N_y	N/mm	150
E_1	GPa	181.0
E_2	GPa	10.7
G_{12}	GPa	7.17
v_{12}		0.28

表 6.6　强度参数的统计特征

材料强度 /MPa	均值	变异系数
沿纤维方向拉伸强度	1 500	0.11
沿纤维方向压缩强度	1 500	0.11
垂直纤维方向拉伸强度	40	0.26
垂直纤维方向压缩强度	246	0.26
剪切强度	68	0.18

层板两个主要失效序列计算结果见表 6.7 和表 6.8。序列 1 的层板失效开始于失效概率最大的一层,首先是基体断裂,单元层 3M,第 1 层失效以后,材料的刚度 E_2 和 G_{12} 减小为 0,载荷重新分布,再计算当前各层失效概率,选择失效概率最大的先失效,重复上面失效过程,当第 1 层基体失效以后,第 8 层纤维发生断裂,此时每一层失效概率接近 1。序列 2 假设失效发生在 3M 层,载荷分布的失效概率第 2 大的 1M,在前 4 层失效以后,剩下的层失效概率与序列 1 相同。

表 6.7　失效序列 1

单元编号	层数	角度 /(°)	失效模式
1M	1	0	Matrix
2M	2	− 45	Matrix
3M	3	45	Matrix
4M	4	90	Matrix
5M	5	90	Matrix
6M	6	45	Matrix
7M	7	− 45	Matrix
8M	8	0	Fiber
1F	1	0	Fiber
2F	2	− 45	Fiber
3F	3	45	Fiber
4F	4	90	Fiber
5F	5	90	Fiber
6F	6	45	Fiber
7F	7	− 45	Fiber
8F	8	0	Fiber

表 6.8　失效序列 2

失效顺序	单元编号序列 1	失效概率	单元编号序列 2	失效概率
1	3M	0.255 2	3M	0.248 8
2	6M	0.270 3	1M	0.027 4
3	8M	0.029 9	6M	0.266 5
4	1M	0.018 6	8M	0.018 3
5	16F	1.000 0	16F	1.000 0

只要选出失效概率较小的两层,对于序列 1:

考虑每个失效序列为一个并联系统,这里将整个失效序列的失效概率通过这两个失效事件来描述。

失效概率较小的是 8M 与 1M,对应的失效概率分别为 0.029 9 与 0.018 6。

如果考虑失效事件之间的相关性,则需获取相关系数矩阵,具体方法可参考相关文献。这里假设每一层失效相互独立,互不相关,所以

$$\begin{cases} P_{fk} \leq \min(P(E_i \cap E_j)) \\ P(E_i \cap E_j) = \Phi(-\beta_i, -\beta_j, \rho_{ij}) \end{cases} \tag{6.43}$$

式中,相关系数等于 0。

所以

$$P_{f_1} \leq \Phi(-\beta_i, \beta_j) \tag{6.44}$$

求得失效概率为

$$P_{f_1} \leq \Phi(-\beta_i, \beta_j) = 5.561\ 4 \times 10^{-4}$$

对应的系统层板的可靠度指标为 3.260 5。

对于失效序列 2:

$$P_{f_2} = 5.014\ 2 \times 10^{-4}$$

对应的系统可靠度指标为 3.289 7。

选择各失效序列中失效概率最大为系统的失效概率,所以系统的失效概率选择序列 1 所得到的失效概率为

$$P_f = P_{f_1} = 5.561\ 4 \times 10^{-4}$$

层板的可靠度指标为 3.260 5。

由计算结果可知,序列 1 与序列 2 的结果相近,经计算两者可靠度指标误差为

$$\varepsilon = 1.0\%$$

可以看出,蒙特卡罗模拟时,失效序列对系统可靠度指标有一定的影响。在

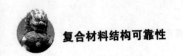

实际工程中,应选择合理的失效序列,以更加准确地预测结构系统的可靠度。

6.3 层板可靠度指标的一次二阶矩法计算

层板可靠度指标的计算方法应用比较广泛的是一次二阶矩法,一次二阶矩法的优点是计算简单,而且精度满足一般工程需要。利用一次二阶矩法,可将结构功能函数或极限状态方程展开为一次函数,使用随机变量的前二阶矩(均值和方差)计算可靠度。

6.3.1 Tsai – Hill 强度理论及其随机变量的偏导数

Tsai – Hill 强度理论的形式为

$$\left(\frac{\sigma_1}{X}\right)^2 - \frac{\sigma_1\sigma_2}{X^2} + \left(\frac{\sigma_2}{Y}\right)^2 + \left(\frac{\tau_{12}}{S_{12}}\right)^2 = 1 \tag{6.45}$$

将式(6.45)写成极限状态函数的形式为

$$g(X,Y,S_{12}) = \left(\frac{\sigma_1}{X}\right)^2 - \frac{\sigma_1\sigma_2}{X^2} + \left(\frac{\sigma_2}{Y}\right)^2 + \left(\frac{\tau_{12}}{S_{12}}\right)^2 - 1 \tag{6.46}$$

强度包括 X、Y、S_{12},其中对 X 的偏导数为

$$\frac{\partial g}{\partial X} = \frac{2\sigma_1\sigma_2 - 2\sigma_1^2}{X^3} \tag{6.47}$$

对 Y 的偏导数

$$\frac{\partial g}{\partial Y} = \frac{-2\sigma_2^2}{Y^3} \tag{6.48}$$

对 S_{12} 的偏导数

$$\frac{\partial g}{\partial S_{12}} = \frac{-2\tau_{12}^2}{S_{12}^3} \tag{6.49}$$

6.3.2 Tsai – Wu 张量理论及其随机变量的偏导数

Tsai – Wu 张量理论的形式为

$$F_1\sigma_1 + F_2\sigma_2 + F_{11}\sigma_1^2 + F_{22}\sigma_2^2 + F_{66}\tau_{12}^2 + 2F_{12}\sigma_1\sigma_2 = 1 \tag{6.50}$$

其中,$F_1 = \dfrac{1}{X_t} - \dfrac{1}{X_c}$, $F_{11} = \dfrac{1}{X_tX_c}$, $F_2 = \dfrac{1}{Y_t} - \dfrac{1}{Y_c}$, $F_{22} = \dfrac{1}{Y_tY_c}$, $F_{66} = \dfrac{1}{S^2}$

$$F_{12} = \frac{-1}{2}\sqrt{F_{11}F_{22}} = \frac{-1}{2}\sqrt{\frac{1}{X_tX_cY_tY_c}}$$

所以,将其写成极限状态方程的形式为

$$g(X_t, X_c, Y_t, Y_c, S_{12}) = F_1\sigma_1 + F_2\sigma_2 + F_{11}\sigma_1^2 + F_{22}\sigma_2^2 + F_{66}\tau_{12}^2 + 2F_{12}\sigma_1\sigma_2 - 1$$

(6.51)

将 F_1、F_{11}、F_2、F_{22}、F_{66} 代入以后得

$$g(X_t, X_c, Y_t, Y_c, S_{12}) = \left(\frac{1}{X_t} - \frac{1}{X_c}\right)\sigma_1 + \left(\frac{1}{Y_t} - \frac{1}{Y_c}\right)\sigma_2 + \frac{1}{X_t X_c}\sigma_1^2 +$$

$$\frac{1}{Y_t Y_c}\sigma_2^2 + \frac{1}{S^2}\tau_{12}^2 - \sqrt{\frac{1}{X_t X_c Y_t Y_c}}\sigma_1\sigma_2 - 1 \quad (6.52)$$

对 X_t 的偏导数

$$\frac{\partial g}{\partial X_t} = \frac{\sigma_1\sigma_2 - \sigma_1^2}{X_c X_t^2}$$

(6.53)

对 X_c 的偏导数

$$\frac{\partial g}{\partial X_c} = \frac{\sigma_1\sigma_2 - \sigma_1^2}{X_t X_c^2}$$

(6.54)

对 Y_t 的偏导数

$$\frac{\partial g}{\partial Y_t} = \frac{-\sigma_2^2}{Y_c Y_t^2} + \frac{-\sigma_2}{Y_t^2}$$

(6.55)

对 Y_c 的导数

$$\frac{\partial g}{\partial Y_c} = \frac{\sigma_2}{Y_c^2} - \frac{\sigma_2^2}{Y_t Y_c^2}$$

(6.56)

对 S_{12} 的导数

$$\frac{\partial g}{\partial S_{12}} = -2\frac{\tau_{12}^2}{S_{12}^2}$$

(6.57)

求得对随机变量的导数,就可以代入迭代公式计算可靠度指标。

6.3.3　单向板的可靠度指标计算

1. 铺设角度为变量的单向板可靠度指标计算

将铺设角度设为变量,在不同角度下计算得出可靠度指标的差异,将材料强度作为随机变量,Tsai – Wu 张量理论作为功能函数,利用验算点法计算可靠度指标,设定如下:

单向板受拉伸作用,材料性能及参数见表 6.9,其拉伸载荷 $N_x = 5$ N/mm,板厚 0.14 mm,纤维载荷夹角角度由 0° 到 90° 均匀变化,步长为 5。

表 6.9　材料性能及参数

材料强度	均值	变异系数	材料刚度	数值
拉伸强度 X_t/MPa	1 766.4	0.11	E_1/GPa	139.73
拉伸强度 Y_t/MPa	75	0.26	E_2/GPa	9.4
拉伸强度 X_c/MPa	1 205	0.11	G_{12}/GPa	5.6
拉伸强度 Y_c/MPa	247	0.26	v_{12}	0.3
剪切强度 S_{12}/MPa	95	0.18		

一次二阶矩法计算可靠度指标与单向板铺设角度的关系如图 6.12 所示。

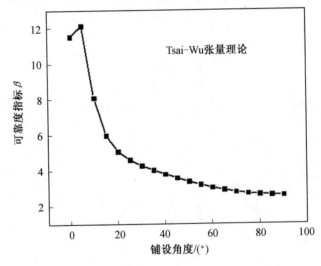

图 6.12　可靠度指标与单向板铺设角度的关系

计算结果表明,利用 Tsai - Wu 张量理论作为功能函数时,单向板只受拉伸作用时的可靠度指标随着铺设角度的增加而降低。与利用蒙特卡罗模拟时得出的结果一致,后面将对二者进行比较。

2. 载荷为变量的单向板可靠度指标计算

将线载荷作为变量,观察在不同的载荷下单向板可靠度指标与载荷之间的关系,设定材料强度为随机变量,分别用 Tsai - Hill 强度理论和 Tsai - Wu 张量理论作为功能函数,计算可靠度指标。

单向板设定如下:

设定单向板,受拉伸作用,材料性能及参数见表 6.9,拉伸载荷 N_x 中的 x 从 0 到 10 均匀变化,步长为 0.5,板厚 0.14 mm,单向板铺设角度为 45°。

单向板可靠度指标与载荷的关系如图6.13所示。

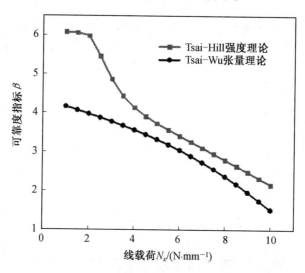

图6.13　单向板可靠度指标与载荷的关系

计算结果表明,45°的单向板只受拉伸作用时,可靠度指标随着拉伸载荷的增加而降低;对比不同的强度理论,可以看到 Tsai – Wu 张量理论的安全性比 Tsai – Hill 高,并且 Tsai – Wu 张量理论随线载荷的变化比较均匀,而 Tsai – Hill 在载荷较小时变化波动大,但在载荷增加到一定时,变化也变得均匀。上面的计算结果与蒙特卡罗模拟结果保持一致。

3. 随机变量的变异系数为变量的单向板可靠度指标计算

(1)沿纤维方向拉伸强度的变异系数与可靠度指标的关系。

对变异系数的研究,将 Tsai – Wu 张量理论作为失效判据,用验算点法计算。

设定单向板,材料性能及参数见表6.10,受拉伸作用,拉伸载荷 $N_x = 4$ N/mm,板厚0.14 mm,单向板纤维载荷夹角为45°,材料强度中 X_t 的变异系数为 x,x 从0.02到1均匀变化,步长为0.02。

表6.10　材料性能及参数

材料强度	均值	变异系数	材料刚度	数值
拉伸强度 X_t/MPa	1 766.4	x	E_1/GPa	139.73
拉伸强度 Y_t/MPa	75	0.26	E_2/GPa	9.4
拉伸强度 X_c/MPa	1 205	0.11	G_{12}/GPa	5.6
拉伸强度 Y_c/MPa	247	0.26	v_{12}	0.3
剪切强度 S_{12}/MPa	95	0.18		

轴向拉伸强度变异系数变化时,单向板可靠度指标与纤维拉伸强度变异系数的关系如图6.14所示。

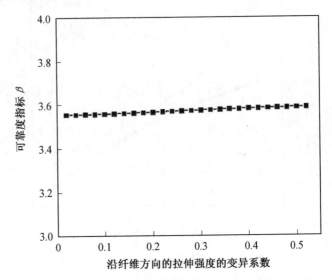

图6.14 单向板可靠度指标与纤维拉伸强度变异系数的关系

结果表明:

在图中,沿纤维方向的拉伸强度的变异系数与可靠度指标是一条近似的直线,表明用 Tsai－Wu 张量理论验算点法对单向板进行可靠度计算时,层板的可靠度指标受沿纤维方向的拉伸强度变异系数的影响非常小。

(2)垂直纤维方向拉伸强度变异系数与可靠度指标的关系

设定单向板,材料性能及参数见表6.11,受拉伸作用,拉伸载荷 $N_x =$ 4 N/mm,板厚0.14 mm,单向板纤维载荷夹角为45°,材料强度中 Y_t 变异系数为 x,x 从0.02到1均匀变化,步长为0.02。

表6.11 材料性能及参数

材料强度	均值	变异系数	材料刚度	数值
拉伸强度 X_t/MPa	1 766.4	0.11	E_1/GPa	139.73
拉伸强度 Y_t/MPa	75	x	E_2/GPa	9.4
拉伸强度 X_c/MPa	1 205	0.11	G_{12}/GPa	5.6
拉伸强度 Y_c/MPa	247	0.26	v_{12}	0.3
剪切强度 S_{12}/MPa	95	0.18		

单向板可靠度指标与垂直纤维方向拉伸强度变异系数的关系如图 6.15 所示。

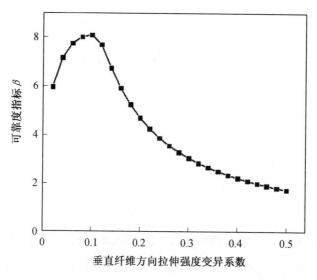

图 6.15　单向板可靠度指标与垂直纤维方向拉伸强度变异系数的关系

在利用验算点法得到的垂直纤维方向拉伸强度变异系数与可靠度指标的关系,单向层板的可靠度指标随着变异系数的增加先迅速增加,可能是由一次二阶矩方法带来的误差引起的,随着变异系数的增加,可靠度指标下降。可以看到,图中出现了一个峰值,这一点的单向层板的可靠度指标最高。

（3）剪切强度变异系数与可靠度指标的关系。

设纤维载荷夹角为 45°,材料性能及参数见表 6.12,材料强度中的 F_6 的变异系数为 x,x 从 0.02 到 1 均匀变化,步长为 0.02。

表 6.12　材料性能及参数

材料强度	均值	变异系数	材料刚度	数值
拉伸强度 X_t/MPa	1 766.4	0.11	E_1/GPa	139.73
拉伸强度 Y_t/MPa	75	0.26	E_2/GPa	9.4
拉伸强度 X_c/MPa	1 205	0.11	G_{12}/GPa	5.6
拉伸强度 Y_c/MPa	247	0.26	v_{12}	0.3
剪切强度 S_{12}/MPa	95	x		

剪切强度变异系数变化时,单向板可靠度指标与剪切强度变异系数之间的关系如图 6.16 所示。

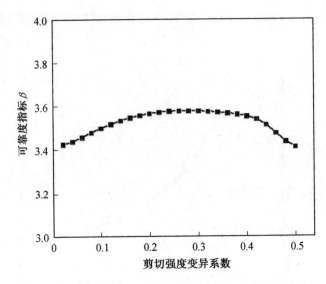

图 6.16　单向板可靠度指标与剪切强度变异系数之间的关系

如图 6.16 所示，可靠度指标在剪切强度比较小时，随着剪切强度变化可靠度指标变化不大，在实际中变异系数一般不会很大，所以后面的可以不考虑。

6.3.4　多向板的可靠度指标计算

为了与蒙特卡罗进行对比，采用与蒙特卡罗法中多向板模拟相同的材料参数和性能。利用二维 Hashin 准则作为功能函数，验算点法进行计算，得到的失效序列见表 6.13。

表 6.13　验算点法多向板失效序列

失效顺序	单元编号序列 1	失效概率	单元编号序列 2	失效概率
1	7M	0.000 1	7M	0.000 1
2	4M	0.405 3	4M	0.405 3
3	5M	0.371 0	3M	0.371 0
4	6M	0.289 9	5M	0.289 9
5	3M	0.310 7	6M	0.310 7
6	2M	0.302 9	2M	0.302 9
7	4F	1.000 0	4F	1.000 0

序列 1 的层板失效开始于基体断裂,单元层 7M,第 1 层失效以后,材料的刚度 E_2 和 G_{12} 减为 0,载荷重新分布,在计算当前各层失效概率,选择失效概率最大的先失效,重复上面失效过程,当第 6 层基体失效以后,第 4 层纤维发生断裂,并且失效概率为 1。序列 2 假设失效第 3 次失效发生在 3M,在前 6 层失效以后,剩下的层失效概率与序列 2 一致。

在序列 1 中,失效概率较小的是 7M 与 6M,分别为 0.000 1 与 0.289 9,各层相互独立,计算可得序列 1 失效概率:

$$P_{f_1} \leqslant \Phi(-\beta_i, -\beta_j) = 2.899 \times 10^{-5}$$

序列 2 中,失效概率较小的还是 4M 和 2M,分别为 0.000 1 和 0.270 6,各层相互独立,计算可得序列 2 失效概率:

$$P_{f_2} \leqslant \Phi(-\beta_i, -\beta_j) = 2.706 \times 10^{-5}$$

选择两个失效序列中失效概率大的作为系统的失效概率,可得

$$P_f = P_{f_1} = 2.899 \times 10^{-5}$$

所以系统的可靠度指标为 2.580。

由计算结果可知,序列 1 与序列 2 的结果相近,两者在可靠度指标上相差:

$$\varepsilon = 10.35\%$$

可以看出,验算点计算时,失效序列对系统可靠度指标影响大。

6.4　单向板数值模拟与理论计算之间的对比

蒙特卡罗法是一种数值模拟的方法,能够模拟实际的物理过程。验算点法采用二阶矩理论计算层板可靠度,在实际工程中有广泛的应用,本节对二者计算结果进行对比分析。

6.4.1　单向板的蒙特卡罗与验算点法求可靠度指标对比

1. 不同载荷下蒙特卡罗法与验算点法求可靠度指标

分别用蒙特卡罗法与验算点法求得单向板的可靠度指标,将 Tsai – Hill 张量准则作为极限状态函数。

设定单向板,材料性能及参数见表 6.14,受拉伸作用,拉伸载荷 N_x 中的 x 从 0 到 10 均匀变化,步长为 0.5,板厚 0.14 mm,单向板纤维载荷夹角为 45°。

蒙特卡罗法和验算点法计算的单向板可靠度指标与载荷的关系如图 6.17 所示。

表 6.14　材料性能及参数

材料强度	均值	变异系数	材料刚度	数值
拉伸强度 X_t/MPa	1 766.4	0.11	E_1/GPa	139.73
拉伸强度 Y_t/MPa	75	0.26	E_2/GPa	9.4
拉伸强度 X_c/MPa	1 205	0.11	G_{12}/GPa	5.6
拉伸强度 Y_c/MPa	247	0.26	v_{12}	0.3
剪切强度 S_{12}/MPa	95	0.18		

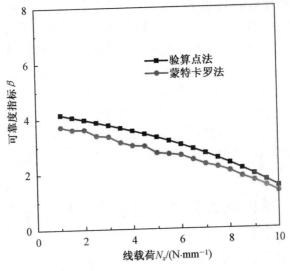

图 6.17　蒙特卡罗法和验算点法计算的单向板可靠度指标与载荷的关系

两条曲线均随着载荷的增加而下降,并且验算点法的可靠度指标在蒙特卡罗法的可靠度指标之上,两者相近,说明验算点法计算可靠度指标符合模拟结果。利用验算点法得出的可靠度指标比蒙特卡罗法得到的可靠度指标偏大,也就是相对于实际结果,用验算点法计算得到的可靠度指标偏大。

2. 不同纤维载荷夹角蒙特卡罗法与验算点法求可靠度指标

分别用蒙特卡罗法与验算点法求得单向板的可靠度指标,将 Tsai – Hill 张量准则作为极限状态函数。

设定单向板,材料性能及参数见表 6.14,受拉伸作用,拉伸载荷 $N_x = 5$ N/mm,板厚 0.14 mm,单向板纤维与载荷方向夹角为 x,x 从 0° 到 90° 均匀变化,步长为 5。

蒙特卡罗法与验算点法计算的单向板可靠度指标与纤维载荷夹角的关系如图 6.18 所示。

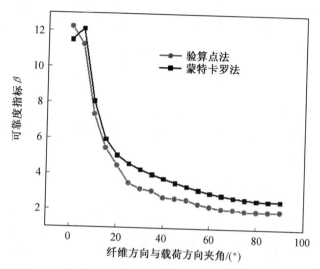

图 6.18　蒙特卡罗法与验算点法计算的单向板可靠度指标与纤维载荷夹角的关系

分析与讨论：

随着角度变大,曲线下降,这与单独的蒙特卡罗法与验算点法得到的结果一致,蒙特卡罗法所得到的曲线在验算点法得到的曲线之下。

对不同铺设角的单向板分别进行蒙特卡罗法与验算点法计算,可靠度指标均随着角度变大而下降。在拉伸作用时,应尽量使纤维方向与受力方向一致。同样也看出验算点法得到的结果比蒙特卡罗法得到的结果偏大。

6.4.2　不同的变异系数下蒙特卡罗法与验算点法求可靠度指标

1. 沿纤维方向拉伸强度的变异系数与可靠度指标的关系

分别用蒙特卡罗法与验算点法求单向板的可靠度指标,将 Tsai – Hill 张量准则作为极限状态函数。

设定单向板,材料性能及参数见表 6.15,受拉伸作用,拉伸载荷 $N_x =$ 4 N/mm,板厚 0.14 mm,单向板纤维载荷夹角度为 45°,材料强度中的 X_t 变异系数为 x,x 从 0.02 到 1 均匀变化,步长为 0.02。

可靠度指标与沿纤维方向的拉伸强度变异系数的关系如图 6.19 所示。

表 6.15　材料性能及参数

材料强度	均值	变异系数	材料刚度	数值
拉伸强度 X_t/MPa	1 766.4	x	E_1/GPa	139.73
拉伸强度 Y_t/MPa	75	0.26	E_2/GPa	9.4
拉伸强度 X_c/MPa	1 205	0.11	G_{12}/GPa	5.6
拉伸强度 Y_c/MPa	247	0.26	v_{12}	0.3
剪切强度 S_{12}/MPa	95	0.18		

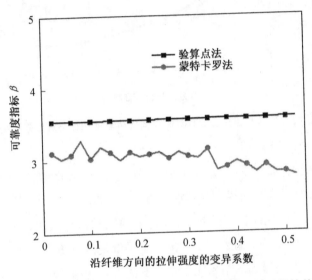

图 6.19　可靠度指标与沿纤维方向的拉伸强度变异系数的关系

　　蒙特卡罗法所得结果与验算点法所得结果相比,两者均接近一条直线,并且蒙特卡罗法在验算点法之下,可见沿纤维方向拉伸强度变异系数,在层板受拉伸作用时,对层板可靠性的影响较小。

2.垂直纤维方向拉伸强度的变异系数与可靠度指标的关系

　　分别用蒙特卡罗法与验算点法求单向板的可靠度指标,将 Tsai – Hill 张量准则作为极限状态函数。

　　设定单向板,受拉伸作用,拉伸载荷 N_x = 4 N/mm,板厚 0.14 mm,单向板纤维载荷夹角度为 45°,材料强度中的 F_t 变异系数为 x,x 从 0.02 到 1 均匀变化,步长为 0.02。材料性能及参数见表 6.16。

表 6.16　材料性能及参数

材料强度	均值	变异系数	材料刚度	数值
拉伸强度 X_t/MPa	1 766.4	0.11	E_1/GPa	139.73
拉伸强度 Y_t/MPa	75	x	E_2/GPa	9.4
拉伸强度 X_c/MPa	1 205	0.11	G_{12}/GPa	5.6
拉伸强度 Y_c/MPa	247	0.26	v_{12}	0.3
剪切强度 S_{12}/MPa	95	0.18		

垂直纤维方向拉伸轻度变异系数变化时,数值和理论计算结果如图 6.20 所示。

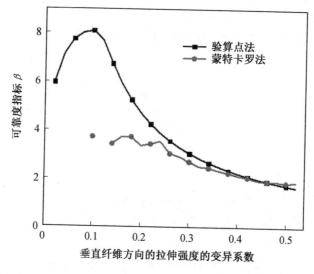

图 6.20　可靠度指标与纤维方向拉伸强度的变异系数的关系

如图 6.20 可知,验算点法沿曲线的变化非常大,变异系数较小时随着其增加可靠度指标产生的增幅较大,说明理论计算存在较大误差。在大幅度下降过程中蒙特卡罗法与实际相符,随着变异系数的增加而降低,在变异系数为 0.2 到 0.4 时,两者相近,在其他区域相差较大,在用验算点法求可靠度指标时,不可忽略材料强度的变异系数对可靠性的影响。

3.剪切强度的变异系数与可靠度指标的关系

分别用蒙特卡罗法与验算点法求单向板的可靠度指标,将 Tsai – Hill 张量准

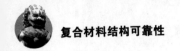

则作为极限状态函数。

设定单向板,受拉伸作用,拉伸载荷 $N_x = 4$ N/mm,板厚 0.14 mm,单向板纤维载荷夹角角度为 45°,材料强度中的 S_{12},变异系数为 x,x 从 0.02 到 1 均匀变化,步长为 0.02。材料性能及参数见表 6.17。

表 6.17　材料性能及参数

材料强度	均值	变异系数	材料刚度	数值
拉伸强度 X_t/MPa	1 766.4	0.11	E_1/GPa	139.73
拉伸强度 Y_t/MPa	75	0.26	E_2/GPa	9.4
拉伸强度 X_c/MPa	1 205	0.11	G_{12}/GPa	5.6
拉伸强度 Y_c/MPa	247	0.26	v_{12}	0.3
剪切强度 S_{12}/MPa	95	x		

可靠度指标与剪切强度变异系数的关系如图 6.21 所示。

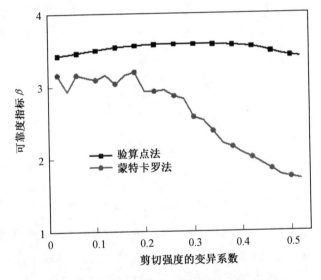

图 6.21　可靠度指标与剪切强度变异系数的关系

在剪切强度的变异系数较小的情况下,变异系数对可靠度指标的影响较小,蒙特卡罗法与验算点法得出的可靠度指标相近,当变异系数变大时,用蒙特卡罗法得出的可靠度指标与验算点法相差较大,这时用验算点法计算可靠度指标有一定的误差。

6.5 多向板的蒙特卡罗法与验算点法求可靠度指标对比

利用蒙特卡罗法与验算点法对同一多向板计算失效序列时,出现了不一样的失效序列,见表6.18。

表6.18 两种方法计算的多向板失效序列

序号	蒙特卡罗法		验算点法	
1	3M	0.255 2	7M	0.000 1
2	6M	0.270 3	4M	0.405 3
3	8M	0.029 9	6M	0.289 9
4	1M	0.018 6	3M	0.310 7

差异产生的原因是多方面的,一是失效准则选择对精度有影响,二是算例中蒙特卡罗模拟的次数在10^4量级,也不是很高,同时一次二阶矩方法对处理很高非线性问题的简化误差也较高,总之这样的问题还需更加深入的研究。

6.6 复合材料层板的随机失效包络和变异系数的影响

6.6.1 复合材料层板的失效包络线

本节主要讨论复合材料层板的确定性失效包络线和随机失效包络线的关系。20世纪90年代,Nakayasu等人针对复合材料层板专门开展了随机失效包络问题研究,针对多轴载荷的复合材料层板进行设计,通过复合材料的可靠性理论和失效准则,给出了面内应变空间中复合材料层板T300/5208的失效包络线的分析结果。

在确定性场中,极限状态方程的阈值产生了失效包络线,显示了应力或应变的安全区域。该确定性失效包络线(DFE)由以下方程定义:

$$DFE = \{\varepsilon_1 : \varepsilon_1^T G_{A.1} \varepsilon_1 + G_{B.1}^T \varepsilon_1 = 1\} \qquad (6.58)$$

式中,$G_{A.1}$和$G_{B.1}$为强度参数矩阵;ϵ_1为单向复合材料层板的面内应变。

在概率场中,根据应变条件评估安全指标或失效概率。与安全指标相对应的包络线即随机失效包络线(SFE),由该方程定义:

$$SFE = \{\varepsilon_1 : P(g(X) \leq 0) = \Phi(-\beta) \approx P_1\} \qquad (6.59)$$

式中,$g(X)$为X空间上的极限状态函数;β为安全指标;ε_1为单向复合材料层板的

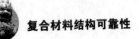

面内应变。图 6.22 给出了 DFE 和 SFE 之间的关系示意图。在 $x - y - s$ 坐标系下，由于 DFE 形状呈椭圆形，因此 SFE 被定义为椭圆球体，其包含安全指标或失效概率。

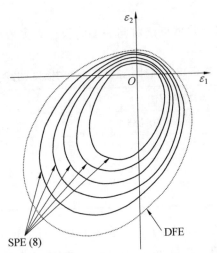

图 6.22　DFE 和 SFE 之间的关系示意图

单向复合材料层板的载荷情况如图 6.23 所示。载荷与安全系数关系如下：

$$p_1^* = p_1/SF_1, \quad p_2^* = p_2/SF_2, \quad p_6^* = p_6/SF_6 \tag{6.60}$$

其中，$p_1^* = p_1/SF_1$，$p_2^* = p_2/SF_2$，$p_6^* = p_6/SF_6$，SF_1、SF_2 和 SF_6 是材料设计中的安全系数。

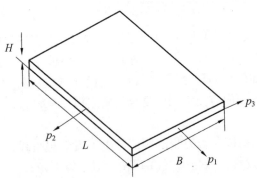

图 6.23　单向复合材料层板的载荷情况

在上述方程式中，由式（6.59）得出的设计载荷，进而通过分析得出层板承受的应变。因为实际材料设计时，有许多参数如载荷、强度、模量、尺寸等均具有不确定性，所有这些参数都需在概率场中进行评估。虽然在确定性分析中，直接应用于层板指定应变条件的分析，可以由诸多参数（如载荷、模量、层板尺寸和厚度）得出的应变条件的分析结果,而在考虑多个参数随机性的概率场分析中,得到的结果并不相同。因此,进行失效概率的分析时,并不是利用作用于层板的指定应力进行研究,而是从诸多参数的随机性或离散性出发,通过可靠度分析方法来确定。

以复合材料层板 T300/5208 为例,进行多轴载荷情况下材料失效分析和参数设计,设计变量和材料参数作为随机变量的随机性见表 6.19。

表 6.19　设计变量和材料参数作为随机变量的随机性

参数	期望值	标准差	变异系数
$\sigma_{L,t}$	1 500 MPa	150	0.10
$\sigma_{L,c}$	1 500 MPa	180	0.12
$\sigma_{L,t}$	40 MPa	4.40	0.11
$\sigma_{L,c}$	246 MPa	19.68	0.08
$\sigma_{L,T}$	68 MPa	4.08	0.06
E_x	181 000 MPa	9 050	
E_y	10 300 MPa	515	0.05
E_s	7 170 MPa	358.5	0.05
v_x	0.28	0.002 8	0.05
θ	0°	0.1	0.01
B	30 mm	1.5	—
L	150 mm	7.5	0.05
H	2 mm	0.1	0.05
P_1	90 000 N	4 500	0.05
P_2	120 000 N	600	0.05
P_6	4 080 N	204	0.05

表 6.19 给出了 T300/5208 的设计变量的随机性质,即其分布类型分别为

$\sigma_{L,t}$、$\sigma_{L,c}$、$\sigma_{T,t}$、$\sigma_{T,c}$、$\sigma_{L,T}$:对数正态分布;

k_{12}、E_x、E_y、E_s、v_x、B、L、H:正态分布;

P_1、P_2、P_6:韦布尔分布(2 种参数)。

其中,$\sigma_{L,t}$ 为沿着 x 方向的纤维拉伸强度;$\sigma_{L,c}$ 为沿着 x 方向的纤维压缩强度;$\sigma_{T,t}$ 为沿着 y 方向的纤维拉伸强度;$\sigma_{T,c}$ 为沿着 y 方向的纤维压缩强度;$\sigma_{L,T}$ 为 xy 面内的剪切强度;k_{12} 为失效因子;E_x 为 x 方向的弹性模量;E_y 为 y 方向的弹性模量;E_s 为 xy 平面的剪切模量;v_x 为 x 方向泊松比;B 为层板宽度;L 层板长度;H 为层板厚度。表 6.20 为不同失效准则下的三种安全指标及失效概率。

表 6.20　不同失效准则下的三种安全指标及失效概率

（a）单向拉伸载荷情况（$\sigma_1 = 1\,007.18$ MPa）

准则	b_1	b_2	b_3	P_{f_1}	P_{f_2}	P_{f_3}
TW(S)*	3.028 5	3.040 4	3.044 8	0.001 23	0.001 18	0.001 16
HO(S)	3.028 5	3.040 3	3.044 7	0.001 23	0.001 18	0.001 16
HI(S)	3.028 5	3.041 0	3.045 5	0.001 23	0.001 18	0.001 16
CH(S)	3.028 5	3.041 5	3.046 1	0.001 23	0.001 18	0.001 16
MS	3.028 5	3.044 6	3.049 6	0.001 23	0.001 17	0.001 16
TW(N)#	3.028 5	3.040 4	3.044 8	0.001 23	0.001 18	0.001 16
HO(N)	3.028 5	3.040 3	3.044 7	0.001 23	0.001 18	0.001 16
HI(N)	3.028 5	3.041 0	3.045 5	0.001 23	0.001 18	0.001 16
CH(N)	3.028 5	3.041 5	3.046 1	0.001 23	0.001 18	0.001 16
MN	3.028 5	3.044 6	3.049 6	0.001 23	0.001 17	0.001 15

*（S）为应力空间中准则的缩写；#（N）为应变空间中准则的缩写。

（b）多轴载荷情况

（$\sigma_1 = 604.31$ MPa，$\sigma_2 = 1\,612$ MPa，$\sigma_6 = 27.40$ MPa）

准则	b_1	b_2	b_3	P_{f_1}	P_{f_2}	P_{f_3}
TW(S)*	3.069 2	3.047 3	3.036 7	1.07×10^{-3}	1.15×10^{-3}	1.20×10^{-3}
HO(S)	2.469 0	2.455 5	2.445 6	6.77×10^{-3}	7.03×10^{-3}	7.23×10^{-3}
HI(S)	4.018 8	3.938 8	3.933 0	2.93×10^{-5}	4.10×10^{-5}	4.20×10^{-5}
CH(S)	6.886 8	6.804 9	6.821 4	2.87×10^{-12}	5.08×10^{-12}	4.54×10^{-12}
MS	6.533 9	6.536 3	6.523 9	3.22×10^{-11}	3.17×10^{-11}	3.44×10^{-11}
TW(N)#	3.069 2	3.047 3	3.036 7	1.07×10^{-3}	1.15×10^{-3}	1.20×10^{-3}
HO(N)	2.469 0	2.455 5	2.445 6	6.77×10^{-3}	7.03×10^{-3}	7.23×10^{-3}
HI(N)	4.0188	3.9388	3.9330	2.93×10^{-5}	4.10×10^{-5}	4.20×10^{-5}
CH(N)	6.8868	6.8049	6.8214	2.87×10^{-12}	5.08×10^{-12}	4.54×10^{-12}
MN	6.965	6.9660	6.9653	1.65×10^{-12}	1.64×10^{-12}	1.65×10^{-12}

*（S）为应力空间中准则的缩写；#（N）为应变空间中准则的缩写。

不同载荷条件下安全指数与铺层角度之间关系的曲线如图 6.24 所示。基于 Tsai – Wu 准则和上述方法,在平面应变空间上绘制 T300/5208 的 SFE 图,如图 6.25 所示。

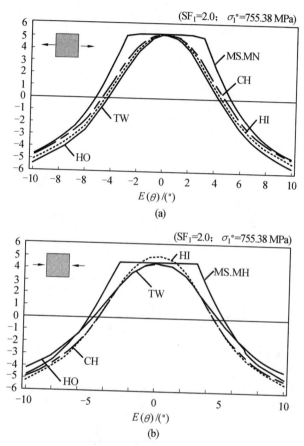

图 6.24　不同载荷条件下安全指数与铺层角度之间关系的曲线

依据如上结果,首先从安全指标的计算结果和表 6.22 中失效概率得出以下结论;

(1)通过对 β_1、β_2 和 β_3 的比较研究可以发现,β_1、β_2 和 β_3 之间几乎没有显著差异。结果表明,FORM 的安全指数 β_1 可以充分评估复合材料层板失效的可能性,在搜索 β 点时,复合材料层板的极限状态函数具有稳定行为。

(2)尽管每种情况具有不同数量的基本随机变量,但应力空间的分析结果几乎与应变空间相同。应力和应变空间分析的结果之所以一致,是因为模量的 4 个系数对安全指数的敏感性较小,安全指数是应变空间上所附加的随机变量。

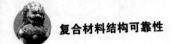

这些对于材料设计而言很重要,可靠性公式是对具有不同铺层角度的复合材料层板进行可靠性分析的基础研究。必须基于系统可靠性理论来进行失效概率的评估,这是获得安全性指标最复杂的过程。因此,建议使用上述所讨论的各种考虑因素,来构建可靠性数学模型。该模型与复合材料层板的材料设计有关,例如:

(1) 为了对多层复合材料层板的可靠性进行分析,基于一级可靠性方法,本书所采用的安全指数 β_1 足以评估失效概率。

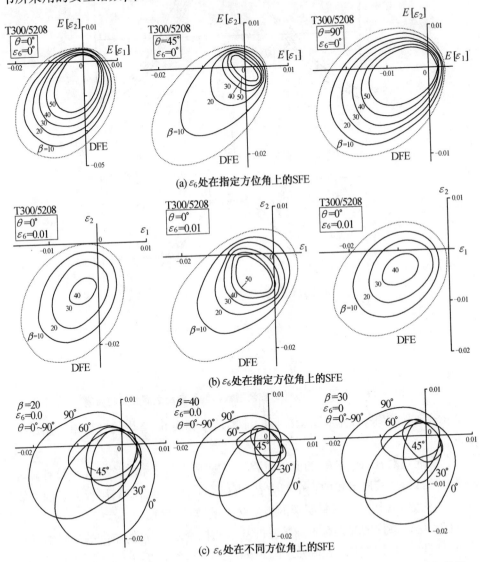

图 6.25　基于 Tsai－Wu 失效准则的石墨／环氧树脂（T300/5208）随机失效包络线

（2）就应力和应变空间分析的结果而言，尽管应变空间上的随机变量的数量大于应力空间上的随机变量的数量，但对应变空间进行可靠性分析是非常必要的。这是由于极限状态函数能够在应变空间中的某一 β 点更加稳定，因此需要对在应变空间中的不同铺层角度进行研究。

其次，可以通过图 6.24 来评估失效准则，该曲线显示了安全指标和铺层角度期望值之间的关系。

最后，图 6.25 中对应于安全指数的 SFE 的计算结果，显示了应变空间上的轨迹。从图 6.25 中可以看出，所有结果都是同心椭圆形。

在公式模型的基础上，结合近似的结构可靠性理论和层板理论，在概率论领域，对 6 个不同失效准则进行定量比较。通过所提出的面内应变空间模型，可以得到表示可行区域的随机失效包络线。但是，对于多轴复合材料层板，可靠性分析将非常复杂，因此为其可靠性分析提出一些方法是非常必要的。第一种方法：评估复合材料层板的失效路径，即在偏轴载荷条件下，基于模量退化和安全指标模拟复合材料层板各层的顺序破坏路径。第二种方法：评估多层复合材料层板的有效失效路径，即选择发生失效概率最大的失效路径，这是由于多层复合材料层板的失效路径的组合太多，无法评估所有复合层板。这个观点和上文提到的时效序列分析方法一致。

6.6.2　变异系数对复合材料层板可靠性的影响

按照参考文献[12]讨论变异系数对复合材料层板可靠性的影响。符号的含义如下：

V_R——复合材料层板子层拉伸强度的变异系数；

V_E——复合材料层板子层弹性特性的变异系数；

V_{RB}——复合材料层板子层弯曲强度的变异系数；

$-$——复合材料各层材料特性的平均值；

n——复合材料铺层的数量。

采用参考文献[12]给出的单向板弯曲载荷下层板强度的研究为例。首先考虑的是铺层数量对强度的影响，采用蒙特卡罗法计算的承受单轴弯曲 M_x 的复合材料层板强度的直方图，如图 6.26 所示（样本数 $L = 10\ 000$ 次实验）。其中，单层的平均拉伸强度 $\bar{R} = 635$ MPa，其强度变异系数 $V_R = 0.2$，弹性特性变异系数 $V_R = 0.1$，厚度单位化为 $h = 1$。计算结果说明了尺寸效应的重要性：随着复合材料层板铺层数量的增加，弯曲强度的平均值和分散性在一定程度上有所降低。

图 6.27 ~ 6.29 给出了在初始结构参数（V_R、V_E、n）的广泛变化范围内，弯曲强度的相对平均值 $\bar{R}_B$ 和变异系数 V_{RB} 的计算结果。其中，每次计算的样本量为 1 000，确保了平均值的精确度为 1% ~ 2%，变异系数的精确度为 0.01。

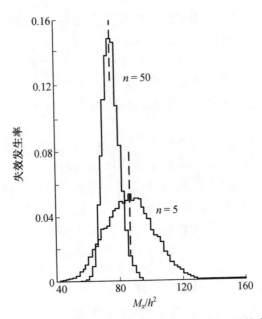

图6.26   在 $n = 5$ 和 $n = 50$ 时导致复合材料层板失效的弯矩 M_x
的直方图(虚线为数学期望值)

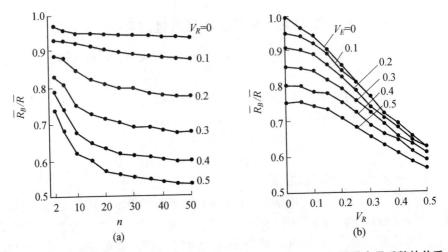

图6.27   复合材料层板相对弯曲强度与铺层数材料强度变异系数和模量变异系数的关系。

从图6.27(a)可以看出,抗弯强度的平均值随层板数量的增加而减小,证明
了强度尺寸效应的存在。弹性特性的分散性也导致平均值降低在 $V_E > 10\%$ 时
能够体现出来,如图6.27(b)所示。复合材料层板相对弯曲强度与铺层数材料
强度变异系数和模量变异系数的关系。

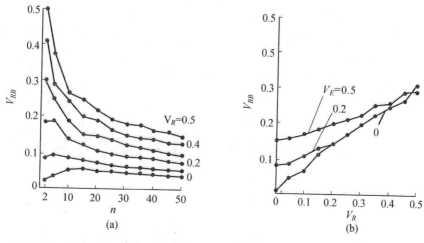

图 6.28　复合材料层板弯曲强度变异系数与铺层数、拉伸强度变异系数的关系

从图 6.28(a) 可以看出,弯曲强度变异系数 V_{RB} 随着 n 的增加而减小,仅在 $V_E > 20\%$ 时,单层弹性特性分散效果才得以表现,如图 6.28(b) 所示。因此,与实际工程应用中的随机强度特性相比,可以忽略弹性特性的随机性。一般来说,单层特性的分散性对复合材料层板弯曲可靠性的影响有两个方面:降低平均强度;增加分散性。

习　　题

1. 复合材料层板的基本假设。

2. 已知三层层板的梁长为 200 mm, 宽度为 10 mm, 单层 $E_1 = 5.0 \times 10^4$ MPa, $E_2 = 1.0 \times 10^4$ MPa, $\nu_{12} = 0.40$, $G_{12} = 2.0 \times 10^4$ MPa,铺层顺序为 $0°(1\text{mm})/90°(2\text{ mm})/0°(1\text{ mm})$,两端拉力 $p = 5\ 000$ N。求各层应力分布。

3. 简述复合材料层板可靠度分析的蒙特卡罗模拟基本过程。

4. 简述复合材料层板逐步失效概率分析方法。

第 7 章

复合材料飞机结构可靠性设计

7.1 复合材料飞机结构设计方法

7.1.1 确定性的设计方法

早期的飞机结构设计还是以确定性方法（Deterministic Design Method）为主,美国飞机结构设计的两个主要军标:MIL – HDBK – 5 适用金属与合金;MIL – HDBK – 17 适用复合材料。

安全系数设计法中考虑多种因素的影响引入安全因子:

$$SF = SF_0 \prod_{i=1}^{k} L_i \tag{7.1}$$

式中,SF_0 为基本安全系数,取 1.5;L_i 为考虑各种影响因素的修正系数。

飞机结构设计中安全系数的确定需要考虑极限载荷和设计载荷,材料强度和疲劳问题,有关载荷的规定和材料强度问题如下。

（1）极限载荷（Limit Load）。

极限载荷是指飞机在地上起飞、着陆、飞行等使用循环中遇到的最大工作载荷,是在机体整个使用寿命期间经受到的 1 ~ 2 次载荷的经验值。飞机驾驶员由上下方向操纵产生的载荷与飞机质量的比值作为载荷因子（载荷系数）来规定。

运输机最大 2.5g（g 为重力加速度）作为极限载荷,是由飞行时的突发气流

（Gust）产生的。

（2）设计载荷（Design Load）。

飞机结构设计中安全系数取1.5,设计载荷 = 1.5 × 极限载荷,而极限载荷为2.5g 时,设计载荷为1.5 × 2.5g = 3.75g。

（3）材料强度。

关于材料强度使用MIL规范 MIL – HDBK – 5 中的A、B基准值。在飞机结构设计中,必须考虑结构在随机载荷作用下的强度（或刚度）衰减 —— 剩余强度。图 7.1 为随机载荷与剩余强度在某时刻的概率密度函数。

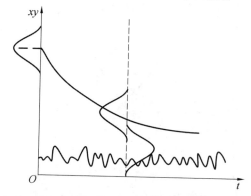

图7.1　随机载荷与剩余强度在某时刻的概率密度函数

（4）疲劳。

飞机结构设计中,剩余强度随时间或载荷循环数的衰减及疲劳寿命分布规律如图7.2 所示。

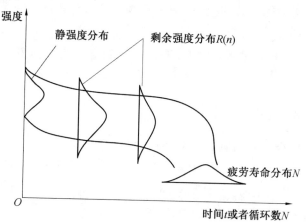

图7.2　剩余强度随时间或载荷循环数的衰减及疲劳寿命分布规律

飞机结构设计中,载荷分布和强度分布之间的关系如图7.3 所示。

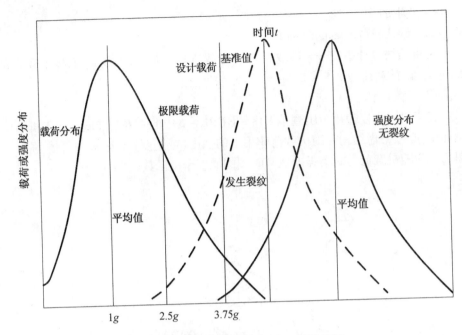

图 7.3　载荷分布和强度分布之间的关系

与材料强度有关的设计许用值确定,是关系结构效率和安全的重要问题,目前 A 基准值和 B 基准值的概念被广泛接受和采用。美国联邦航空局(FAA)和美国宇航局(NASA)所使用的标准中,使用数理统计中区间参数估计的方法求 MIL 规范的设计许用值作为设计许用值规定了 A 基准值和 B 基准值:

A 基准值:在 95% 的置信度下,具有 99% 的生存概率(1% 的破坏概率)的单侧区间参数估计值。

B 基准值:在 95% 的置信度下,具有 90% 的生存概率(10% 的破坏概率)的单侧区间参数估计值。

7.1.2　损伤容限设计法

断裂力学发展为人们研究缺陷和损伤对结构耐久性影响提供了新的工具,而损伤容限设计法(Damage Tolerance Design)是源自 70 年代以来断裂力学发展的结果,保证具有初始损伤(如裂纹、脱层和开孔等损伤)及其演化而引进的允许损伤及其演变在整个服役期保证整体结构安全运行。

对于飞机结构作为强度设计方法考虑以下两类:

(1)安全寿命设计(Safe Life Design):原则上要求构件在整个运行期间不允许疲劳裂纹发生的特别安全的设计。

（2）破损安全设计（Fail Safe Design）：允许局部疲劳裂纹在临界范围内产生和扩展，但可以修复，不影响整个结构的安全设计。

安全系数分析模型：安全系数 f 被定义为强度 R 的均值 $E(R)$ 与应力 S 均值 $E(S)$ 之间的比值，即

$$f = 强度均值 / 应力均值 = E(R)/E(S) \qquad (7.2)$$

复合材料飞机结构的可靠度是"强度大于应力的概率"，结构元件的可靠度 $R_e = \Phi(\beta)$，可表示为

$$R_e = \int_{-\infty}^{+\infty} \left[\int_{-\infty}^{+\infty} f_R(r)\,\mathrm{d}r \right] f_S(s)\,\mathrm{d}s \qquad (7.3)$$

式中，$f_{R(r)}$ 为强度分布概率密度函数；$f_{S(s)}$ 为应力分布概率密度函数；β 为可靠度指标。安全系数 f 和可靠度 R_e 从不同的侧面反映了材料的强度与外载荷之间的关系，结构的可靠度不仅与 f 有关，还与 R 和 S 的分布有关。

7.1.3　复合材料飞机结构概率设计法

复合材料飞机结构概率设计法是十分复杂问题，一方面复合材料本身的各向异性和离散性特点，给概率设计方法带来难度，另一方面由于复合材料结构安全评价很复杂，不仅涉及结构本身的各种物理和几何变量，同时工艺过程本身带来的影响也不容忽视。因此复合材料飞机结构概率设计法的实现和应用，需要长期的数据库积累和软件平台的开发集成。

目前，比较成熟和有影响的复合材料飞机结构概率设计软件系统主要有俄罗斯中央空气动力研究所（Cental Aero-Hydrodynamic Institute，TSAGI）开发的复合材料飞机结构损伤容限设计法（PreDeCompoS）和美国诺斯罗普格鲁曼公司商用飞机部（Northrop Grumman Commercial Aircraft Division，NGCAD）研发的NGCAD 复合材料概率设计法。它们的理论基础都是可靠性分析中的应力 – 强度模型和蒙特卡罗模拟，已形成比较完善的分析和评估软件系统和丰富的数据库。

（1）TSAGI 的容限设计法。

PreDeCompoS 主要包括大量的数据库和应用程序库，分析工作使用了大量信息，主要包括：复合材料的机械性能；复合材料的制造过程；在制造、实验和使用期间无损检测的数据；实验研究的数据。

PreDeCompoS 软件一般输入要求：生产裂纹的类型和随尺寸的统计分布；试用期损伤类型和它们随尺寸的统计分布；典型机械冲击后发生的损伤尺度；制造

裂纹和损伤对剩余强度及疲劳抗力的影响估计;剩余强度和疲劳抗力的统计分布参数;设计条件、作用载荷值、环境因子和它们的统计特征;检验和修复规范;破坏概率估算方法。图7.4给出了 TSAGI 的容限设计软件的系统构成。

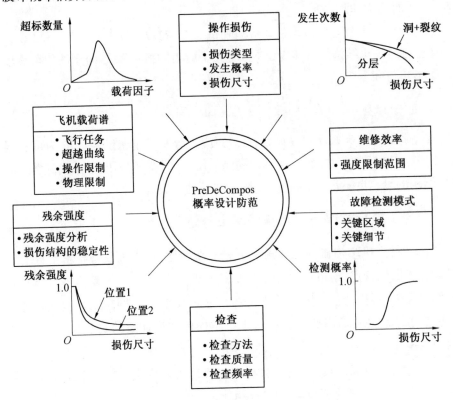

图 7.4   TSAGI 的容限设计软件的系统构成

PreDeCompoS 方法:当 N 个载荷历程和强度历程用来进行蒙特卡罗模拟,同时观察到 M 次破坏,则破坏概率应为

$$P_r = \frac{M}{N} \tag{7.4}$$

如果无损伤且结构仅仅是在正常温度下工作,对从驾驶开始算起的时间"t"(即一次飞行寿命)总的结构破坏概率为

$$P_r = 1 - \prod_{i=1}^{N_{\mathrm{DLC}}} (1 - P_{r_i}) \tag{7.5}$$

这里是第 i 个设计载荷情况(载荷历程)结构件的破坏概率。时间的选择通常是使用寿命,因而给出了在飞机的寿命期间将要发生构件破坏的概率。

为了评估这第 i 个设计载荷情况构件的破坏概率,可用可靠性公式计算

$$P_{r_i} = \int_0^\infty f_{S_{\text{Max}_i}}(x) F_{R_i}(x) \, \mathrm{d}x = 1 - \int_0^\infty f_{R_i}(x) F_{S_{\text{Max}_i}}(x) \, \mathrm{d}x \tag{7.6}$$

这里是第 i 个设计载荷情况构件的承载力（强度）的概率分布函数，是某个寿命的最大载荷概率分布函数，载荷是按第 i 个设计情况分布的。在此设定的情况下，假定与时间无关。

（2）NGCAD 的概率设计法。

NGCAD 的概率设计法是利用数值积分由蒙特卡罗模拟确定结构或结构系统的破坏概率，其历程和模块如图 7.5 所示。本方法是在一些有代表性的位置处计算它的破坏概率，然后将其合并以构成系统的破坏概率。每次飞行最大操作应力的概率密度函数，由每次飞行最大载荷因子概率密度函数（某个程序输入）以及和应力（也基于程序输入）之间的线性关系确定。原始材料强度的概率密度函数也是程序输入。程序提供正态、对数正态和 Weibull 型概率密度函数。

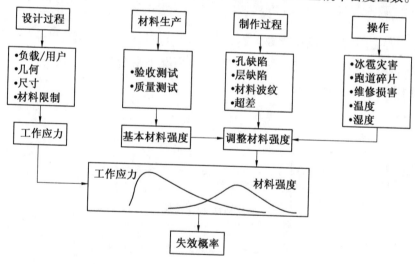

图 7.5　NGCAD 的概率设计法的历程和模块

破坏概率的方程是

$$P_f = \int_{\Omega_f} f(s) G(s) \, \mathrm{d}s \tag{7.7}$$

这里每次飞行的概率密度函数是材料强度的累积分布函数（CDF）。蒙特卡罗模拟的唯一目的是配置每次飞行和材料强度的累积分布函数与阵风、环境和缺陷的关系。每做一次蒙特卡罗模拟，依正态分布、对数正态分布和 Weibull 分布，其 PDF 都会以移动一个常数或乘一个因子进行修改，概率分布函数参数的变换见表 7.1。

表 7.1 概率分布函数参数的变换

分布	参数	转变	新参数
正态分布	μ,σ	C_1	$\mu+C_1,\sigma$
对数分布	μ,σ,t_0	C_1	μ,σ,t_0+C_1
Weibull 分布	σ,β,t_0	C_1	θ,β,t_0+C_1
正态分布	μ,σ	$C_2>0$	$C_2\mu,C_2\sigma$
对数分布	μ,σ,t_0	$C_2>0$	$\mu+\ln C_2\theta$
Weibull 分布	σ,β,t_0	$C_2>0$	$C_2\theta,\beta,C_2t_0$

7.2 复合材料结构的疲劳可靠性

疲劳问题是航空结构重要问题,而飞机复合材料结构的疲劳可靠性与载荷以及材料缺陷和损伤有密切关系,典型损伤情况下复合材料层板在拉伸疲劳载荷作用下的损伤扩展如图 7.6 所示。

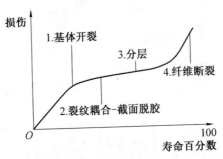

图 7.6 复合材料层板在拉伸疲劳载荷作用下的损伤扩展

复合材料疲劳载荷下损伤扩展的一般规律为:随着载荷循环的增加,裂纹数目也增加,最终达到饱和状态,形成稳定的裂纹排列。这种损伤状态称为特征损伤状态。特征损伤状态与加载历程无关,而与层板特性有关,即与单层刚度和单层铺设顺序有关。损伤扩展过程由基体到层内短裂纹发展到层间界面处(由长裂纹与短裂纹的交点处形成大的层间应力),进一步造成局部层间分层。再到损伤迅速增长的速率扩展,达局部临界。

一般认为损伤过程由两个控制阶段构成,疲劳损伤扩展的两个主要特征:

第一阶段,不发生相互作用的基体裂纹扩展,形成特征损伤状态。

第二阶段,不同类型和取向的裂纹以增加的速率相互作用,形成局部损伤的增长和逐渐破坏。

在着手进行复合材料的疲劳可靠性分析时要注意其特性。损伤是均匀的,且没有相互作用阶段,由于各单层内出现裂纹,引起材料变弱,这也是损伤力学研究的重要内容,一般针对这一情况,首先定义损伤参数 D 为

$$D = \frac{R_0 - R}{R_0 - R_C} \tag{7.8}$$

式中,R_0 为材料初始轻度;R 为材料变弱的(剩余)强度;R_C 为(CDS时)特征损伤状态对应的强度。

损伤趋向于在损伤形式间相互作用阶段,进一步假设疲劳损伤的扩展速率取决于有效应力,并由下式给出

$$\frac{\mathrm{d}D}{\mathrm{d}N} = k\left(\frac{S}{1 - D}\right)^m \tag{7.9}$$

式中,S 为交变应力中最大施加应力;k、m 为材料常数;N 为寿命(疲劳次数)。

材料初始强度和剩余强度之间的关系式:

$$R = R_C + (R_0 - R_C)\left(1 - \frac{N}{N_C}\right)^{m'} \tag{7.10}$$

其中

$$m' = \frac{1}{1 + m}, \quad m' = \frac{1}{1 + m} N_C = \frac{1}{K(1 + m)S^m} \tag{7.11}$$

式中,N_C 为达到寿命的循环数。

当式(7.11)右边变量的概率分布已知时,可由式(7.11)求得 R 的概率分布(即剩余强度 R)。

其中:

(1)纤维强度的统计变量和它的概率分布需要由实验数据来确定,所以初始强度 R_0 是一个随机变量。

(2)R_C 是复合材料在特征损伤状态(CDS)时的强度。

(3)N_C 是达到 CDS 的循环数,由于材料的缺陷在体积内是随机的和裂纹增长速率的随机性,故 N_C 也是随机的。

由此可知,若 R_0 和 N_C 的分布已知,则 R 的分布可以由 $P(R < S)$ 得到破坏概率。

目前用作表征复合材料疲劳损伤扩展的物理量主要考虑剩余强度、应变、裂纹密度、裂纹长度等。人们基于这些物理量提出了多种疲劳损伤模型。

损伤在 n 个区域内局部变化。在这些区域内,裂纹相互作用不仅激烈,而且随着疲劳循环(N)的增加而加剧。在这些范围内,在概念上可以用单一裂纹代

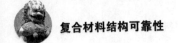

替,即认为单一裂纹释放的弹性应变能与所有局部损伤范围内的不同损伤机理组合所释放出的弹性应变能相同。

假设这种单一裂纹用 C 表示其特征尺寸,则剩余强度可表示为

$$R = \alpha C^{-\frac{1}{2}} \tag{7.12}$$

式中,α 为表征材料韧性的材料参数。

损伤增长速率可用裂纹尺寸 C 的增长速率来确定

$$\frac{\mathrm{d}C}{\mathrm{d}N} = \eta C^{\frac{n}{2}} \tag{7.13}$$

式中,η 为应力函数。

由式(7.12) 和式(7.13) 可得

$$\frac{\mathrm{d}R}{\mathrm{d}N} = \frac{\mathrm{d}(\partial C^{-0.5})}{\mathrm{d}N} = -\frac{1}{2}\alpha C^{-\frac{3}{2}}\frac{\mathrm{d}C}{\mathrm{d}N} = -\frac{1}{2}\alpha\beta C^{-\frac{n-3}{2}} = -\gamma\left(\frac{1}{R}\right)^{n-3} \tag{7.14}$$

式中,$\gamma = \frac{\beta}{2}\alpha^{n-2}$。

(1) 设 $n > 2$,在 N 和 N_f 破坏时的循环次数区间内积分可得

$$R^{n-2} = S^{n-2} + \gamma(n-2)(N_f - N) \tag{7.15}$$

当 N_f 的概率分布给定后,可以确定 R^{n-2}($n-2$ 次循环后剩余强度) 的概率分布。

(2) 若令疲劳寿命 N_f 符合 Weibull 分布,则有

$$P(R^{n-2} \leqslant r^{n-2}) = F(r^{n-2}) = 1 - \exp\left[-\left(\frac{r'' - a}{b}\right)^c\right] \tag{7.16}$$

式中,$r'' = r^{n-2}$,$a = S^{n-2} + \gamma(n-2)(a_n - N)$,$b = \gamma(n-2)b_n$,$c = c_n$。

a_n、b_n、c_n 分别是疲劳寿命分布的位置参数、尺度参数和形状参数。

(3) 取 $R = R_C$,由于 $N = N_C$,则有

$$N_C = N_f - \frac{R_C^{n-2} - S_C^{n-2}}{\gamma(n-2)} \tag{7.17}$$

N_C 的概率分布可由下式给出:

$$P(N_C \leqslant N) = 1 - \exp\left[-\left(\frac{N - a_n'}{b_n}\right)^{c_n}\right] \tag{7.18}$$

式中,

$$a_n' = a_n - \frac{R_C^{n-2} - S_C^{n-2}}{\gamma(n-2)}$$

复合材料疲劳可靠性两阶段强度模型如图7.7 所示。

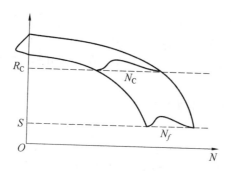

图7.7　复合材料疲劳可靠性两阶段强度模型

7.3　复合材料飞机结构的风险评估

飞机结构的风险评估也是制造商和运营商关心和研究的重要课题。J. W. Lincoln 在航天领域的工厂中第一次采用概率的方法进行尝试，主要是在一些旧飞机中评估由于不稳定裂纹而导致结构失效的风险。其中一项是针对 F-16 飞机静态过载导致的裂纹进行评估；另一项是针对 T-38 飞机在进行反复载荷时的疲劳导致的开裂。失效概率主要是通过施加应力和构件强度 PDFs 的数值积分得到的。

Lincoln 将失效累计的概率定义为 $P(X > x)$，这与典型的统计学的教科书定义的 $P(X < x)$ 是不同的。当给定某飞机 1 h 内超过某一应力水平的期望次数 E，则 1 h 内超过某一应力水平的概率为

$$\begin{cases} E \geqslant 1 \text{ 时}, P = 1 \\ E < 1 \text{ 时}, P = E \end{cases} \tag{7.19}$$

应力超越函数的外推法是计算失效概率的关键。利用 Weibull 作图技术对该概率函数进行拟合，得到形状和比例尺参数。然后根据测量数据外推函数，通过假设独立性和考虑统计上所有位置的失效概率，采用一系列的可靠性计算。由于裂纹长度与时间有关，使得失效概率与时间有关，因此，必须重新进行评估，以评估不同累积飞行次数后的单次飞机飞行失败的概率。

飞机结构的风险评估不仅和结构本身有关，还和维护策略有关。Lincoln 的方法有一个"修复"的特征，即模拟裂纹的修复。构件的强度可以恢复到原来的强度。该裂纹检测概率（称为检测可靠性计算）用于分析，从而研究和优化检测间隔。因此，该方法提供了一种评估不同检测间隔对失效概率影响的方法。

在此评估中，首先分析静态过载导致的裂纹风险。该方法使用数值积分来确定施加应力和材料强度分布的联合概率，一般程序如下：

（1）建立一个允许故障率。

（2）确定使用于负荷超出的应力 PDF。

（3）根据结构测量、屈服强度测量和 MIL - HDBK 力学性能数据确定材料强大的 PDF。

（4）利用数值积分计算失效概率。

这种分析方法提供了单次飞行失效概率最严重的载荷剖面测量方法，这是一个静态的强度分析，没有建立裂纹的扩展模型。

执行任务的改变使得载荷环境比初始的损伤容限评估严重得多，还考虑了裂纹检测的概率，一般程序如下：

（1）根据每次飞行时的飞行超越函数的归一化确定用于负荷的 PDF，然后使用两个参数的 Weibull 分布进行拟合。

（2）根据一定数量飞机的数据定义裂纹数量，使用传统的断裂数据将平均飞行时间归一化。

（3）拟合平均飞行时间裂缝数据的累计分布函数。

（4）从结构分析的方法，确定在分析位置临界裂纹长度施加应力的关系。

（5）利用断裂力学理论，在分析点绘制裂纹扩展曲线。

（6）建立裂纹长度与检测概率曲线的关系。

（7）利用数值积分计算失效概率，确定超过外加应力达到临界的联合概率。

7.4　复合材料飞机结构的故障概率分析

本节主要介绍一种行业方法来对复合材料飞机结构的故障进行概率分析。NGCAD 采用数值积分以及蒙特卡罗模拟的方法来确定概率故障。

NGCAD 的复合材料概率设计方法始于 1988 年，当时的研究是为了确定复合材料设计允许值的保守程度。后来被扩展到对美国空军 B - 2 轰炸机进行风险评估。1989 年，风险分析得到了改进，概率设计过程的开发作为独立的研究和发展部门得到了资助。该方法随后被用于分析几个不同机翼的结构失效概率。直到 1997 年，该项目都是根据联邦航空局的合同资助的，一个基于 PC 的程序已经开发出来，可以从联邦航空局中获得。

7.4.1　NGCAD 的概率设计方法概述

NGCAD 的概率设计方法是采用数值积分和蒙特卡罗模拟来确定结构部件或结构系统的失效概率，该方法是在具有代表性的位置执行详细的概率分布产生个别的故障概率，然后统计组合成一个系统的故障概率。

每个飞行概率函数(PDF)的最大工作应力(σ_{max})由每个飞行PDF的最大载荷系数(n_{zmax})与应力之间的关系决定。基线材料强度PDF也是一个程序输入,该程序可以容纳正态分布、对数分布以及Weibull PDF类型。

失效概率公式为

$$PF = \int_{\Omega_f} f(s)\,G(s)\,\mathrm{d}s \tag{7.20}$$

式中,$f(s)$为每次飞行时σ_{max}的PDF;$G(s)$为材料强度累计函数;Ω是函数$f(s)$的域。蒙特卡罗的唯一目的是根据阵风、环境和缺陷来确定每次飞行时的σ_{max}以及材料强度PDF的相对位置,在每次的蒙特卡罗模拟实验中,通过移位值和缩放系数的大小来修正PDF文件。改变PDF意味着将其值域增加一个常数C_1,因此与s有关的累计概率就与$C+s$关联。缩放涉及到将值域值乘以标量,$C_2 > 0$,与s关联的累计概率就与sC_2相关联。值得注意的是移位保留了标准差,而缩放系数保留了变异系数(标准差与均值之比)。

移位和缩放是通过更改PDF的参数来实现的,一旦PDF被不同的移位值和比例因子定位,就会利用蒙特卡罗模拟执行一个单独数值积分来确定蒙特卡罗实验的失效概率值。

该方法包括设计过程、材料生产、制造过程以及包含模型的操作。对于每一次的蒙特卡罗尝试,设计过程中将会产生一个最大的操作应力分布,而其他三个将会产生材料强度分布。正如前面所解释,对于每一次的蒙特卡罗模拟,最大操作应力PDF和材料强度CDF的数值积分决定了失效概率。

(1)设计过程。

NGCAD的概率设计模型与构件的结构直接相关,并在概率模型外执行。应用载荷、零件的几何形状、材料的属性被输入到有限元模型中使得节点处产生挠度和内部载荷。在此基础上,采用失效准则和确定复合材料结构分析方法的安全边缘。通常情况下,需要重复此操作,直到结构在通常的设计约束下得到优化。

安全边缘是概率分析的关键输入,其用于确定每个分析位置的设计极限应力水平。根据负载系数n_z的超限数据,建立预测的最大负荷分布,这定义了每次飞行载荷的概率密度函数,通过缩放最大n_z来定义最大操作应力概率密度函数的形状。n_z的水平对应于设计的极限载荷,一个缩放因子用于将每次飞行概率密度函数的最大值改变成符合材料强度概率描述的工程单位。

(2)材料生产。

材料强度是建立在用于构件中的特定材料的力学属性测试的基础上,通常可以从开发计划早期执行的材料鉴定任务中获得。此外,随着项目发展的成熟,还可以从材料验收测试中获得有价值的数据。

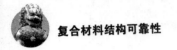
概率分布中一个关键的假设是构件的失效直接与基础属性相关,为此开发了大量的数据准确描述其统计分布。由于结构的失效概率通常非常小($< 10^{-8}$),因此这些分布在尾部尤为重要。

(3)制作过程和操作。

模型的这一部分模拟在生产部件过程中影响材料强度的活动,这被定义为制造缺陷,制造缺陷对于基本材料强度具有一定的可量化影响。必须调查和定义缺陷的性质、严重程度和频率,因为是通过质量控制的过程来鉴别和筛选缺陷,这在一定程度上是武断的,也就是说,对于结构风险来说,重要的是没有被发现的缺陷。

在实际应用中,通过分析零件的几何形状、飞机上裂隙的位置、来自类似飞机的故障数据和预测环境来确定预期的操作模量频率。造成这种损害的原因是低能量冲击,无论是来自外部物体(跑道碎片、冰雹)还是维修。损伤大小和严重程度的数据分析以及单一材料强度缩放代表了强度缩小的分布,材料的强度是根据预期的频率、强度的平均作用和飞机上的位置减少的。

7.4.2　NGCAD 的概率设计方法算例

用以下算例说明 NGCAD 概率设计方法的使用步骤,利用蒙特卡罗模拟阵风对于应用的应力分布和制造缺陷对构件强度分布的影响,然后利用数值积分的方法计算各个模拟失效概率。

给定飞机结构部件在飞行中的最大应力值是一个随机量,服从正态分布,均值为 2 000 psi,标准差为 500 psi。该结构的强度也是一个随机量,服从正态分布,均值为 4 000 psi,标准差为 1 000 psi。在最大应力偏移期间有 50% 的概率会出现正阵风并导致应力增加 200 psi。预期该构件未检测到的制造缺陷为 1,值得注意的是这是一个数学期望,也可能存在 0,1,2,3 等的制造缺陷。据统计,如果至少存在一个缺陷该组件的基础强度将会降低 20%。

下面,通过以下两个部分完成此问题的求解。

(1)理论基础。

正如之前所定义的,单次飞行的失效概率是每次飞行的最大应力 $\sigma_{\max}$ 与材料强度 $G(s)$ 累计概率的乘积并在 $f(s)$ 区域上进行积分:

$$\mathrm{SFPF} = \int_{\Omega_f} f(s) G(s) \mathrm{d}s \tag{7.21}$$

图 7.8 显示了以 ksi 为单位的应用应力和构件强度的 PDF,图 7.9 为应用应力 PDF 和构件强度 CDF,CDF 强度小于给定值的概率,即 PDF 从负无穷到给定值的面积,因此 CDF 在负方向和正方向上分别渐进于 0 和 1。

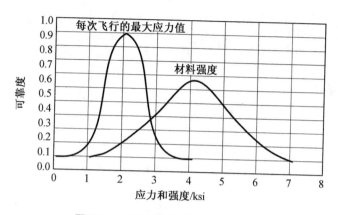

图 7.8　应用应力和构件强度的 PDF

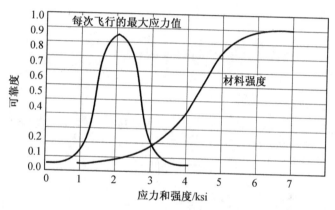

图 7.9　应用应力 PDF 和构件强度 CDF

对于每次飞行的最大应力和材料强度都是独立的且都服从正态分布的情况,采用 SFPF 是最直接的,其可以在任何解决载荷强度干扰的有关可靠性的教材中得到:

$$\text{SFPF} = \Phi\left[\left(\mu_s - \mu_t\right) / \left(\mu_s^2 - \mu_t^2\right)^{\frac{1}{2}}\right] \tag{7.22}$$

式中,Φ 为标准正态累计分布函数;μ_s、σ_s 为应力 PDF 标准差;μ_t、σ_t 为强度 PDF 标准差。

由于 SFPF 方程的类似推导对于所有概率分布的组合都不是直接的,因此对于正态分布的情况给出了另一种数学推导,代表了用于其他分布组合的推导。

$$f(s) = \frac{1}{(2\pi)^{\frac{1}{2}}\sigma_s}\exp\left[-\frac{1}{2}\left(\frac{s - \mu_s}{\sigma_s}\right)^2\right] \tag{7.23}$$

$$G(s) = \Phi\left(\frac{s - \mu_t}{\sigma_t}\right) \tag{7.24}$$

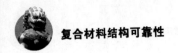

$$\text{SFPF} = \int_{\Omega_f} f(s)\,G(s)\,\mathrm{d}s = \frac{1}{(2\pi)^{\frac{1}{2}}\sigma_s} \int_{-\infty}^{\infty} \exp\left[-\frac{1}{2}\left(\frac{s-\mu_s}{\sigma_s}\right)^2\right] \Phi\left(\frac{s-\mu_s}{\sigma_s}\right) \mathrm{d}s$$

$$(7.25)$$

替换变量：

$$Z = \frac{s-\mu_s}{\sigma_s}$$

$$s = \sigma_s Z + \mu_s$$

$$\mathrm{d}s = \sigma_s \mathrm{d}Z$$

$$\mathrm{d}Z = \frac{\mathrm{d}s}{\sigma_s}$$

新积分上下限：

$$s \rightarrow -\infty$$

$$Z \rightarrow -\infty$$

$$s \rightarrow +\infty$$

$$Z \rightarrow +\infty$$

因此 SFPF 的转换方程变为

$$\text{SFPF} = \frac{1}{(2\pi)^{\frac{1}{2}}\sigma_s} \int_{-\infty}^{\infty} \exp\left(-\frac{1}{2}Z^2\right) \cdot \Phi\left(\frac{\sigma_s Z + \mu_s - \mu_t}{\sigma_s}\right) \mathrm{d}Z =$$

$$\frac{1}{(2\pi)^{\frac{1}{2}}\sigma_s} \int_{-\infty}^{\infty} \phi(Z) \cdot \Phi\left(\frac{\sigma_s Z + \mu_s - \mu_t}{\sigma_s}\right) \mathrm{d}Z \qquad (7.26)$$

式中，ϕ 为标准正态概率密度函数。

式(7.26)在 NGCAD 项目中用于计算 SFPF，其中的应力和强度都是正态分布，对正态分布、对数分布和强度分布的组合公式也进行了类似的推导和使用。

（2）解决方案。

在本例子中，对于每一个蒙特卡罗模拟，在确定 SFPF 时，必须考虑两个独立事件（阵风和制造缺陷）的四种可能结果：

① 无阵风，无制造缺陷；

② 有阵风，无制造缺陷；

③ 无阵风，有制造缺陷；

④ 有阵风，有制造缺陷。

每个结果发生的概率是定义结果的独立事件概率的乘积。事件有阵风的概率是 0.5，因此事件中无阵风的概率也是 0.5。对于制造缺陷，则需要更多的解释。预期的期望是 1，假设可以建模为泊松过程，则无制造缺陷的概率是 $\exp(-1) \approx 0.368$，因此有制造缺陷的概率是 $1 - \exp(-1) \approx 0.632$。

因此，结果概率（$P_{r_i}, i = 1,2,3,4$）为

① 无阵风,无制造缺陷:$0.5 \times 0.368 = 0.184 = P_{r_1}$;

② 有阵风,无制造缺陷:$0.5 \times 0.368 = 0.184 = P_{r_2}$;

③ 无阵风,有制造缺陷:$0.5 \times 0.632 = 0.316 = P_{r_3}$;

④ 有阵风,有制造缺陷:$0.5 \times 0.632 = 0.316 = P_{r_4}$。

注意:这些概率的总和为1,因为其包含了所有可能性的结果。通过计算每个结果的 SFPF,并根据其发生的概率进行加权,总和便构成了问题的解决方案,即

$$\text{SFPF} = P_{r_1} \times \text{SFPF}_1 + P_{r_2} \times \text{SFPF}_2 + P_{r_3} \times \text{SFPF}_3 + P_{r_4} \times \text{SFPF}_4$$

知道 P_{r_i} 代表了每种情况下的概率,SFPF 可以利用式(7.25)或式(7.26)进行计算。

表7.2给出了四种结果中每种的失效概率。

表 7.2　四种结果中每种的失效概率

结果(i)	μ_s	σ_s	μ_t	σ_t	Pr_i	SFPF_i
1	2 000	500	4 000	1 000	0.184	0.036 8
2	2 200	500	4 000	1 000	0.184	0.053 7
3	2 000	500	3 200	800	0.316	0.101 7
4	2 200	500	3 200	800	0.316	0.144 6

通过NGCAD程序的蒙特卡罗模拟积分进行验证,通过建立一个与结果①相同的基本应力和强度 PDFs(无阵风,无缺陷 $\Rightarrow \mu_s = 2\,000, \sigma_s = 500, \mu_t = 4\,000, \sigma_t = 1\,000$)。

要理解创建应用应力输入的以下步骤必须完全理解定义的应用应力分布的步骤。对于 $n_{z_{\max}}$ 每次飞行输入正态应力的均值为2,标准差为0.5。由于设计参数(DF)为1.5,许用系数为9 000,安全边缘系数为1.0,以及 n_z 对应于100%的设计极限应力3.0,则有 stress/n_z 缩放因子为

$$\text{Stress}/n_z = \text{Allowable}/[\text{DF}(1 + \text{MS})]/n_z \text{DLS} = 9\,000/1.5[1 + 1]/3 = 1\,000$$

这将产生用于每次飞行 PDF 的基本最大应力所需参数($\mu_s = 2\,000, \sigma_s = 500$),并在程序输出中验证,组件强度 PDF 是被直接输入的。

为了包括阵风的影响,输入包括:

① 阵风发生的概率(0.5)。

② 向下的阵风发生的概率(0.0,因此保证只有阵风)。

③ 当阵风发生时,改变输入 $n_{z_{\max}}$ PDF 的概率分布。

基于这些输入和 stress/n_z 的值,在蒙特卡罗模拟的采样期间,一个应力 PDF 将产生200个改变值。为考虑未检测到的制造缺陷影响,输入了一个制造缺陷为

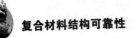

1.0 和一个强度缩小系数 0.8。对于上述所描述的,当给定蒙特卡罗尝试时,至少有一次缺陷发生的概率为 63.2%,并且基本材料强度 PDF 将会按 0.8 进行缩放。

最初,这个程序只运行了 10 次的蒙特卡罗实验,但是选择随机数种子后,这足以证明四种可能结果的数值积分结果,表 7.3 为对应四种输出的结果。

$$SFPF_i = \sum (F_{r_i} \times SFPF_i) = 0.111\ 3$$

表 7.3　对应四种输出的结果

输出(i)	第 n 次蒙特卡罗模拟	失效发生率	SFPF$_i$
1	5	0.1	0.036 8
2	1,4	0.2	0.053 7
3	2	0.1	0.101 7
4	3,6 ~ 10	0.6	0.144 6

从这些结果中可以看出:① 应用 Romberg 积分的准确性;②10 次蒙特卡罗模拟很明显不能够准确描述每一个个体结果的概率,因此,需要更多的尝试得到的"精确解"收敛,事实上,在大约 1 000 次的尝试中,收敛性将会变得很明显。

7.4.3　概率故障分析的优点

几何尺寸、装配过程、生产过程、工程模型、材料属性、维护或操作环境以及不确定性测试,这些会影响结构设计的不确定性和最终的安全性。很多概率分析工具得到了发展,但是,通常这些工具对于很多非统计学的专家来说是很难被理解并被应用的,而且也还未被工程领域普遍接受。但这并不意味着概率分布方法没有价值。这些方法目前正在被改进,并且改进相关计算机程序的易用性和灵活性。使用概率故障分析具有如下优点。

(1) 量化风险或可靠性。

经典的确定性方法是通过不确定因素乘以最大期望应力来设计不确定性,另外,概率分布将大多数或所有的设计参数建模为可变的,并和已经建立的结构分析相结合,产生可靠度的定量定度。如果可靠性被指定为基本的契约性要求,这显然是有利的。

以往对于军用飞机提出了结构的可靠性要求,但是此类分析得出的可靠性值一般是基于具有相似设计特征的飞机现场维修数据的历史数据。通常采用简化的恒定故障率数学模型,类似于航空电子设备和电子元器件的可靠性分析方法,用于评估结构可靠性的技术通常与结构分析方法无关,采用概率分析的方法将有助于可靠性工程师改进他们的分析。

（2）识别风险中的高风险区域。

总的结构风险通常是结构中特定位置的一系列可靠性值的函数，如果某一特定区域被证明是驱动整个风险的，可以采取措施通过设计变更来降低该风险，并且可以制造检验程序使关键区域的缺陷发生概率最小。

（3）确定设计变量对可靠性的重要性。

很多报告一致概率分布的好处、概率分布的一个强大属性是在理解设计变量的相互联系、相互作用和敏感度时获得信息。这些信息可以用于各种目的的优化测试，并可以通过突出强调对设计或制造老化的需求。

习　题

1. 飞机结构设计中，材料 A 基准值和 B 基准值的定义？
2. 飞机结构设计中的载荷与安全系数关系？
3. 复合材料疲劳可靠性特征是什么？

附录　　标准正态分布表

$$\Phi = \int_{-\infty}^{x} \frac{1}{\sqrt{2\pi}} e^{-\frac{t^2}{2}} dt = P(X \leqslant x)$$

x	0.00	0.01	0.02	0.03	0.04	0.05	0.06	0.07	0.08	0.09
0.0	0.500 0	0.504 0	0.508 0	0.512 0	0.516 0	0.519 9	0.523 9	0.527 9	0.531 9	0.535 9
0.1	0.539 8	0.543 8	0.547 8	0.551 7	0.555 7	0.559 6	0.563 6	0.567 5	0.571 4	0.575 3
0.2	0.579 3	0.583 2	0.587 1	0.591 0	0.594 8	0.598 7	0.602 6	0.606 4	0.610 3	0.614 1
0.3	0.617 9	0.621 7	0.625 5	0.629 3	0.633 1	0.636 8	0.640 4	0.644 3	0.648 0	0.651 7
0.4	0.655 4	0.659 1	0.662 8	0.666 4	0.670 0	0.673 6	0.677 2	0.680 8	0.684 4	0.687 9
0.5	0.691 5	0.695 0	0.698 5	0.701 9	0.705 4	0.708 8	0.712 3	0.715 7	0.719 0	0.722 4
0.6	0.725 7	0.729 1	0.732 4	0.735 7	0.738 9	0.742 2	0.745 4	0.748 6	0.751 7	0.754 9
0.7	0.758 0	0.761 1	0.764 2	0.767 3	0.770 3	0.773 4	0.776 4	0.779 4	0.782 3	0.785 2
0.8	0.788 1	0.791 0	0.793 9	0.796 7	0.799 5	0.802 3	0.805 1	0.807 8	0.810 6	0.813 3
0.9	0.815 9	0.818 6	0.821 2	0.823 8	0.826 4	0.828 9	0.835 5	0.834 0	0.836 5	0.838 9
1.0	0.841 3	0.843 8	0.846 1	0.848 5	0.850 8	0.853 1	0.855 4	0.857 7	0.859 9	0.862 1
1.1	0.864 3	0.866 5	0.868 6	0.870 8	0.872 9	0.874 9	0.877 0	0.879 0	0.881 0	0.883 0
1.2	0.884 9	0.886 9	0.888 8	0.890 7	0.892 5	0.894 4	0.896 2	0.898 0	0.899 7	0.901 5
1.3	0.903 2	0.904 9	0.906 6	0.908 2	0.909 9	0.911 5	0.913 1	0.914 7	0.916 2	0.917 7
1.4	0.919 2	0.920 7	0.922 2	0.923 6	0.925 1	0.926 5	0.927 9	0.929 2	0.930 6	0.931 9
1.5	0.933 2	0.934 5	0.935 7	0.937 0	0.938 2	0.939 4	0.940 6	0.941 8	0.943 0	0.944 1
1.6	0.945 2	0.946 3	0.947 4	0.948 4	0.949 5	0.950 5	0.951 5	0.952 5	0.953 5	0.953 5
1.7	0.955 4	0.956 4	0.957 3	0.958 2	0.959 1	0.959 9	0.960 8	0.961 6	0.962 5	0.963 3
1.8	0.964 1	0.964 8	0.965 6	0.966 4	0.967 2	0.967 8	0.968 6	0.969 3	0.970 0	0.970 6
1.9	0.971 3	0.971 9	0.972 6	0.973 2	0.973 8	0.974 4	0.975 0	0.975 6	0.976 2	0.976 7
2.0	0.977 2	0.977 8	0.978 3	0.978 8	0.979 3	0.979 8	0.980 3	0.980 8	0.981 2	0.981 7
2.1	0.982 1	0.982 6	0.983 0	0.983 4	0.983 8	0.984 2	0.984 6	0.985 0	0.985 4	0.985 7
2.2	0.986 1	0.986 4	0.986 8	0.987 1	0.987 4	0.987 8	0.988 1	0.988 4	0.988 7	0.989 0
2.3	0.989 3	0.989 6	0.989 8	0.990 1	0.990 4	0.990 6	0.990 9	0.991 1	0.991 3	0.991 6
2.4	0.991 8	0.992 0	0.992 2	0.992 5	0.992 7	0.992 9	0.993 1	0.993 2	0.993 4	0.993 6
2.5	0.993 8	0.994 0	0.994 1	0.994 3	0.994 5	0.994 6	0.994 8	0.994 9	0.995 1	0.995 2
2.6	0.995 3	0.995 5	0.995 6	0.995 7	0.995 9	0.996 0	0.996 1	0.996 2	0.996 3	0.996 4
2.7	0.996 5	0.996 6	0.996 7	0.996 8	0.996 9	0.997 0	0.997 1	0.997 2	0.997 3	0.997 4
2.8	0.997 4	0.997 5	0.997 6	0.997 7	0.997 7	0.997 8	0.997 9	0.997 9	0.998 0	0.998 1
2.9	0.998 1	0.998 2	0.998 2	0.998 3	0.998 4	0.998 4	0.998 5	0.998 5	0.998 6	0.998 6
3.0	0.998 7	0.999 0	0.999 3	0.999 5	0.999 7	0.999 8	0.999 8	0.999 9	0.999 9	1.000 0

参 考 文 献

［1］ ANDRZEJ S N, KEVIN R. Collins. Reliability of Structures［M］. 重庆:重庆大学出版社,2005.

［2］ LONG M W, NARCISO J D. Probabilistic design methodology for compositeaircraft structures: probabilistic design methodology for composite aircraft structures: DOT/FAA/AR-99/2 ［R］. Washington, D. C.: U. S. Department of Transportation Federal Aviation Administration ,1999.

［3］ 赵国藩,金伟良,贡金鑫. 结构可靠度理论［M］. 北京:中国建筑工业出版社,2000.

［4］ 武玉芬. 碳纤维综合力学性能与复合材料拉伸强度的离散性研究［D］. 哈尔滨:哈尔滨工业大学,2011.

［5］ 沈观林,胡更开,刘彬. 复合材料力学［M］. 2 版. 北京:清华大学出版社,2013.

［6］ 王宝来,吴世平,梁军. 复合材料失效及其强度理论［J］. 失效分析与预防,2006(2):13-19.

［7］ 徐明,徐颖. 含孔复合材料层合板失效准则研究［J］. 长春理工大学学报(自然科学版),2014(2):57-61.

［8］ 刘勇,陈世健,高鑫,等. 基于 Hashin 准则的单层板渐进失效分析［J］. 装备环境工程,2010(1):34-39.

［9］ 王向阳,陈建桥,张谢东. 纤维增强复合材料层合板的概率逐步失效分析［J］. 武汉理工大学学报(交通科学与工程版),2004(6):863-865,925.

［10］ 刘琼. 智能优化算法及其应用研究［D］. 无锡:江南大学,2011.

［11］ 羊妗. 复合材料选层板可靠性分析［J］］. 西北工业大学报,1987(3):317-325.

［12］ 刘成龙,周金宇,邱睿. 复合材料层板可靠性分析的发生函数法［J］. 机械工程学报,2019,55(4):67-74.

［13］ LIN S C. Reliability predictions of laminated composite plates with random system parameters［J］. Probabilistic Engineering Mechanics, 2000, 15(4):327-338.

［14］ 胡鸣. 结构可靠度计算方法研究［D］. 广州:华南理工大学,2010.

［15］ NAKAYASU H, MAEKAWA Z. A comparative study of failure criteria in probabilistic fields and stochastic failure envelopes of composite materials[J]. Reliability Engineering and System Safety, 1997, 56(3):209-220.

[16] MARK R. GURVICH R. Byron piped. probabilistic analysis of multi-step filure process of a laminated composite in bending[J]. Composites Science and Technology,1995 (55):413-421.

[17] 李海涛,王莉. Study on reliability of composite laminate[J]. Journal of Harbin Institute of Technology, 1999(1):61-64.

[18] 杨子政. 可靠性分析新方法研究与应用[D]. 西安:西北工业大学, 2006.

[19] TAN X, BI W, HOU X, et al. Reliability analysis using radial basis function networks and support vector machines[J]. Computers and Geotechnics, 2011, 38(2): 178-186.

[20] AFSHARI S S, POURTAKDOUST S H, CRAWFORDB J, et al. Time-varying structural reliability assessment method: Application to fiber reinforced composites under repeated impact loading[J]. Composite Structures, 2021, 261: 113287.

[21] LIU X, MAHADEVAN S. Ultimate strength failure probability estimation of composite structures[J]. Journal of Reinforced Plastics and Composites, 2000, 19(5): 403-426.

[22] CEDERBAUM G, ELISHAKOFF I, LIBRESCUL. Reliability of laminated plates via the first-order second-moment method[J]. Composite Structures, 1990, 15(2): 161-167.

[23] 安伟光,赵维涛,杨多和. 复合材料层板的可靠性分析方法[J]. 宇航学报, 2005, 26(5): 672-675.

[24] MANDERS P W, BADER M G, CHOU T W. Monte Carlo simulation of the strength of composite fibre bundles[J]. Fibre Science & Technology, 1982, 17(3):183-204.

[25] FUKUNAGA H, CHOU T W, FUKUDA H. Probabilistic strength analyses of interlaminated hybrid composites [J]. Composites Science & Technology, 1989, 35(4):331-345.

[26] GURVICH M R, PIPES RB. Probabilistic analysis of multi-step failure process of a laminated composite in bending [J]. Composites Science & Technology, 1995, 55(4):413-421.

[27] GURVICH M R, PIPES R B. Probabilistic strength analysis of four-directional laminated composites[J]. Composites Science & Technology, 1996, 56(6): 649-656.

[28] KAM T Y, CHANG E S. Reliability formulation for composite laminates subjected to first-ply failure[J]. Composite Structures, 1997, 38(1-4): 447-452.

[29] 周春苹, 刘付超, 周长聪, 等. 石英纤维/环氧树脂复合材料结构静强度的可靠度计算及全局灵敏度分析[J]. 复合材料学报, 2020, 37(7): 1611-1618.

[30] NAKAYASU H, MAEKAWA Z. A comparative study of failure criteria in probabilistic fields and stochastic failure envelopes of composite materials[J]. Reliability Engineering System Safety, 1997, 56(3):209-220.

[31] JEONG H K, SHENOI R A. Reliability analysis of mid-plane symmetric laminated plates using direct simulation method[J]. Composite Structures, 1998, 43(1): 1-13.

[32] LIN S C. Evaluation of buckling and first-ply failure probabilities of composite laminates[J]. International Journal of Solids & Structures, 1998, 35(13): 1395-1410.

[33] LIN S C. Buckling failure analysis of random composite laminates subjected to random loads[J]. International Journal of Solids and Structures, 2000, 37(51): 7563-7576.

[34] LIN S C, KAM T Y. Probabilistic failure analysis of transversely loaded laminated composite plates using first-order second moment method[J]. Journal of Engineering Mechanics, 2000, 126(8): 812-820.

[35] M KAMINЛSKI. On probabilistic fatigue models for composite materials[J]. International Journal of Fatigue, 2002, 24(2-4):477-495.

[36] 罗成. 纤维复合材料基于最终强度的可靠性及其优化设计[D]. 武汉:华中科技大学, 2003.

[37] GUILLAUMAT L, HAMDOUN Z. Reliability model of drilled composite materials[J]. Composite structures, 2006, 74(4): 467-474.

[38] 贾平. 基于支持向量机的复合材料层板结构可靠性研究[D]. 哈尔滨:哈尔滨工程大学, 2014.

[39] 刘成龙. 复合材料层板可靠性建模与分析[D]. 常州:江苏理工学院, 2018.